Adobe® 创意大学指定教材

U0340881

Adobe® 创意大学
Premiere Pro 产品专家认证
标准教材（CS6修订版）

◎ 易锋教育　总策划
◎ 扈培训　高仰伟　王夕勇　编著

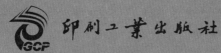

印刷工业出版社

内容提要

Premiere是Adobe公司出品的视频制作与处理软件，提供了高效、稳健、跨平台的影视编辑工作流程，支持多种视频格式，在影像合成、动画、视觉效果、多媒体和网页动画方面都可发挥其作用，在全球拥有大量用户，备受视频制作设计师青睐。

本书采用了最新版本Premiere Pro CS6，知识安排合理，目的是提升学生的岗位技能竞争力；结构清晰明确，通过"理论知识+实战案例"结合的模式循序渐进，由浅入深，重点突出；版式设计新颖，对Premiere Pro CS6产品专家认证的考核知识点在书中进行了加黑重点标注，一目了然，方便初学者和有一定基础的读者更有效地掌握Premiere Pro CS6的重点和难点。本书介绍Premiere Pro CS6产品的各项基本功能，内容包括影视后期制作基础知识、Premiere Pro CS6基本概念、剪辑素材管理、素材剪辑基础、视频特效、转场特效、字幕制作、音频编辑与特效、输出影片等。

本书可作为参加"Adobe创意大学产品专家认证"考试的指导用书，可作为大中专院校数字媒体艺术等相关专业的教材和影视后期制作培训班的培训教材，还可供初学者自学使用。

图书在版编目（CIP）数据

Adobe创意大学Premiere Pro产品专家认证标准教材（CS6修订版）/扈培训，高仰伟，王夕勇编著.
—北京：印刷工业出版社，2014.3
ISBN 978-7-5142-0936-5

I.A… II.①扈… ②高… ③王… III.视频编辑软件—高等学校—教材 IV.TP391.41

中国版本图书馆CIP数据核字(2013)第235170号

Adobe 创意大学Premiere Pro产品专家认证标准教材（CS6修订版）

编　　著：扈培训　高仰伟　王夕勇

责任编辑：张　鑫

执行编辑：王　丹　　　　　　　责任校对：岳智勇

责任印制：张利君　　　　　　　责任设计：张　羽

出版发行：印刷工业出版社（北京市翠微路2号 邮编：100036）

网　　址：www.keyin.cn　　www.pprint.cn

网　　店：//shop36885379.taobao.com

经　　销：各地新华书店

印　　刷：三河国新印装有限公司

开　　本：787mm×1092mm　　1/16

字　　数：374千字

印　　张：15.75

印　　数：1～3000

印　　次：2014年3月第1版　2014年3月第1次印刷

定　　价：39.00元

ISBN：978-7-5142-0936-5

◆ 如发现印装质量问题请与我社发行部联系　直销电话：010-88275811

Preface

Adobe 是全球最大、最多元化的软件公司之一，以其卓越的品质享誉世界，旗下拥有众多深受广大客户信赖和认可的软件品牌。Adobe 彻底改变了世人展示创意、处理信息的方式。从印刷品、视频和电影中的丰富图像到各种媒体的动态数字内容，Adobe 解决方案的影响力在创意产业中是毋庸置疑的。任何创作、观看以及与这些信息进行交互的人，对这一点更是有切身体会。

中国创意产业已经成为一个重要的支柱产业，将在中国经济结构的升级过程中发挥非常重要的作用。2009 年，中国创意产业的总产值占国民生产总值的 3%，但在欧洲国家这个比例已经占到 10% ～ 15%，这说明在中国创意产业还有着巨大的市场机会，同时，这个行业也将需要大量的与市场需求所匹配的高素质人才。

从目前的诸多报道中可以看到，许多拥有丰富传统知识的毕业生，一出校门很难找到理想的工作，这是因为他们的知识与技能达不到市场的期望和行业的要求。出现这种情况的主要原因在很大程度上在于教育行业缺乏与产业需求匹配的专业课程以及能教授学生专业技能的教师。这些技能是至关重要的，尤其是中国正处在计划将自己的经济模式与国际角色从 Made in China/ 中国制造提升为具备更多附加值的 Designed & Made in China/ 中国设计与制造 的过程中。

Adobe 创意大学（Adobe Creative University）计划是 Adobe 公司联合行业专家、行业协会、教育专家、一线教师、Adobe 技术专家，面向国内动漫、平面设计、出版印刷、eLearning、网站制作、影视后期、RIA 开发及其相关行业，针对专业院校、培训机构和创意产业园区创意类人才的培养，以及中小学、网络学院、师范类院校师资力量的建设，基于 Adobe 核心技术，为中国创意产业生态全面升级和教育行业师资水平和技术水平的全面强化而联合打造的全新教育计划。

Adobe 创意大学计划旨在与国内专业院校、培训机构、创意产业园区以及国家教育主管部门联合，为中国创意行业和教育行业培养更多专业型、实用型、技术型的高端人才，并帮助学生和从业人员快速完成职业和专业能力塑造，迅速提高岗位技能和职业水平，强化个人的市场竞争力，高质、高效地步入工作岗位。

为贯彻 Adobe 创意大学的教育理念，Adobe 公司联合多方面、多行业的人才组成教育专家组负责新模式教材的开发工作，把最新 Adobe 技术、企业岗位技能需求、院校教学特点、教材编写特点有机结合，以保证课程技能传递职业岗位必备的核心技术与专业需求，又便于实现院校教师易教、学生易学的双重要求。

我们相信 Adobe 创意大学计划必将为中国的创意产业的发展以及相关专业院校的教学改革提供良好的支持。

Adobe 将与中国一起发展与进步！

Adobe 大中华区董事总经理　黄耀辉

Preface

前　言

Adobe 于 2010 年 8 月正式推出的全新"Adobe® 创意大学"计划引起了教育行业强大关注。"Adobe® 创意大学"计划集结了强大的教学、师资和培训力量，由活跃在行业内的行业专家、教育专家、一线教师、Adobe 技术专家以及行业协会共同制作并隆重推出了"Adobe® 创意大学"计划的全部教学内容及其人才培养计划。

Adobe® 创意大学计划概述

Adobe® 创意大学（Adobe® Creative University）计划是 Adobe 公司联合行业专家、行业协会、教育专家、一线教师、Adobe 技术专家，面向国内动漫、平面设计、出版印刷、eLearning、网站制作、影视后期、RIA 开发及其相关行业，针对专业院校、培训机构和创意产业园区创意类人才的培养，以及中小学、网络学院、师范类院校师资力量的建设，基于 Adobe 核心技术，为中国创意产业生态全面升级和教育行业师资水平和技术水平的全面强化而联合打造的全新教育计划。

Adobe® 创意大学计划旨在与国内专业院校、培训机构、创意产业园区以及国家教育主管部门联合，为中国创意行业和教育行业培养更多专业型、实用型、技术型的高端人才，并帮助学生和从业人员快速完成职业和专业能力塑造，迅速提高岗位技能和职业水平，强化个人的市场竞争力，高质、高效地步入工作岗位。

专业院校、培训机构、创意产业园区人才培养平台均可加入 Adobe® 创意大学计划，并获得 Adobe 的最新技术支持和人才培养方案，通过对相关专业技术和专业知识、行业技能的严格考核，完成创意人才、教育人才和开发人才的培养。

加入"Adobe® 创意大学"的理由

Adobe 将通过区域合作伙伴和行业合作伙伴对 Adobe® 创意大学合作机构提供持续不断的技术、课程、市场活动服务。

"Adobe 创意大学"的合作机构将获得以下权益。

1．荣誉及宣传

（1）获得"Adobe 创意大学"的正式授权，机构名称将刊登在 Adobe 教育网站 (www.adobecu.com) 上，Adobe 进行统一宣传，提高授权机构的知名度。

（2）获得"Adobe 创意大学"授权牌。

（3）可以在宣传中使用"Adobe 创意大学"授权机构的称号。

（4）免费获得 Adobe 最新的宣传资料支持。

2．技术支持

（1）第一时间获得 Adobe 最新的教育产品信息、技术支持。

（2）可优惠采购相关教育软件。

（3）有机会参加"Adobe 技术讲座"和"Adobe 技术研讨会"。

（4）有机会参加 Adobe 新版产品发布前的预先体验计划。

3．教学支持

（1）获得相关专业课程的全套教学方案（课程体系、指定教材、教学资源）。

（2）获得深入的师资培训，包括专业技术培训、来自一线的实践经验分享、全新的实训教学模式分享。

4．市场支持

（1）优先组织学生参加 Adobe 创意大赛，获奖学生和合作机构将会被 Adobe 教育网站重点宣传，并享有优先人才推荐服务。

（2）有资格参加评选和被评选为 Adobe 创意大学优秀合作机构。

（3）教师有资格参加 Adobe 优秀教师评选；特别优秀的教师有机会成为 Adobe 教育专家委员会成员。

（4）作为 Adobe 创意大学计划考试认证中心，可以组织学生参加 Adobe 创意大学计划的认证考试。考试合格的学生获得相应的 Adobe 认证证书。

（5）参加 Adobe 认证教师培训，持续提高师资力量，考试合格的教师将获得 Adobe 颁发的"Adobe 认证教师"证书。

Adobe® 创意大学计划认证体系和认证证书

（1）Adobe 产品技术认证：基于 Adobe 核心技术，并涵盖各个创意设计领域，为各行业培养专业技术人才而定制。

（2）Adobe 动漫技能认证：联合国内知名动漫企业，基于动漫行业的需求，为培养动漫创作和技术人才而定制。

（3）Adobe 平面视觉设计师认证：基于 Adobe 软件技术的综合运用，满足平面设计和包装印刷等行业的岗位需求，培养了解平面设计、印刷典型流程与关键要求的人才而制定。

（4）Adobe eLearning 技术认证：针对教育和培训行业制定的数字化学习和远程教育技术的认证方案，以培养具有专业数字化教学资源制作能力、教学设计能力的教师／讲师等为主要目的，构建基于 Adobe 软件技术教育应用能力的考核体系。

（5）Adobe RIA 开发技术认证：通过 Adobe Flash 平台的主要开发工具实现基本的 RIA 项目开发，为培养 RIA 开发人才而全力打造的专业教育解决方案。

 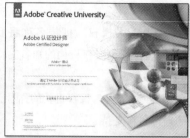 

Adobe® 创意大学指定教材

— 《Adobe 创意大学 Photoshop CS5 产品专家认证标准教材》

— 《Adobe 创意大学 Photoshop 产品专家认证标准教材（CS6 修订版）》

— 《Adobe 创意大学 InDesign CS5 产品专家认证标准教材》

— 《Adobe 创意大学 InDesign 产品专家认证标准教材（CS6 修订版）》

— 《Adobe 创意大学 Illustrator CS5 产品专家认证标准教材》

— 《Adobe 创意大学 Illustrator 产品专家认证标准教材（CS6 修订版）》

— 《Adobe 创意大学 After Effects CS5 产品专家认证标准教材》

— 《Adobe 创意大学 After Effects 产品专家认证标准教材（CS6 修订版）》

— 《Adobe 创意大学 Premiere Pro CS5 产品专家认证标准教材》

— 《Adobe 创意大学 Premiere Pro 产品专家认证标准教材（CS6 修订版）》

— 《Adobe 创意大学 Flash CS5 产品专家认证标准教材》

— 《Adobe 创意大学 Dreamweaver CS5 产品专家认证标准教材》

— 《Adobe 创意大学 Fireworks CS5 产品专家认证标准教材》

"Adobe® 创意大学" 计划所做出的贡献，将提升创意人才在市场上驰骋的能力，推动中国创意产业生态全面升级和教育行业师资水平和技术水平的全面强化。

教材及项目服务邮箱：yifengedu@126.com。

编著者

2013 年 12 月

Contents

目录

第10章
综合案例——穿越北极

第1章
影视剪辑基础知识

对影视作品进行编辑是Premiere Pro CS6软件主要的功能。一部影视作品的诞生，经历剧本创作、前期拍摄、后期剪辑、合成输出等多个环节。剪辑作为影视创作的最后一道"工艺"，对影视作品的质量起着举足轻重的作用。了解影视剪辑的基础知识对于学好本软件来说非常重要，因此本章将会介绍影视剪辑的基础知识。

学习目标

→ 了解影视剪辑的概念
→ 理解线性编辑与非线性编辑
→ 掌握影视剪辑的基本流程
→ 掌握数字化影视剪辑的基础知识
→ 掌握Premiere Pro CS6软件的基础知识

1.1 影视剪辑

影视剪辑是对声像素材进行分解重组的整个工作，随着计算机技术的快速发展，剪辑已经不再局限于电影制作了，很多广告和动画制作行业也已经应用了剪辑技术。

1.1.1 剪辑的定义

剪辑是影视制作过程中不可缺少的步骤，是影视后期制作中的重要环节。剪辑的英文是"Editing"，有编辑的含义。一部影视作品在经过前期素材拍摄与采集之后，由剪辑师按照剧情发展和影片结构的要求，将拍摄与采集到的多个镜头画面和录音带，经过选择、整理和修剪，按照影视画面拼接原理和最富于播放效果的顺序组接起来，从而成为一部结构完整、内容连贯、含义明确并具有艺术感染力的影视作品。

一部影视作品的诞生，一般需要经历以下几个阶段：剧本创意、选材选题、分镜头脚本、外景拍摄、演播室拍摄、特效创作、后期合成、音效配乐、剪辑创作和输出播放。在这几个阶段中，从剧本的编写到分镜头脚本的编写，属于影视编导的内容；从拍摄直到输出播放，都属于具体制作的阶段，其中剪辑所占的位置十分重要。但是影视节目制作过程是一个有机的整体，各个阶段前后之间相互影响。影视剪辑不能脱离这个过程而独立存在，如编辑的过程要遵循剧本和导演的意愿，在实际制作过程中还要严格按照分镜头脚本进行操作。

相对于影视节目来说，家庭影像作品在制作过程中要随意得多，但是无论是在拍摄过程中还是在具体的剪辑过程中都要参考影视节目的制作经验，这样才能制作出精彩的家庭影像作品。

注意

"剪接"和"剪辑"是不同的概念。剪接是对素材做初步整理，按照导演拍摄的画面逐个按镜头编号连接起来，主要着重于技术方面。但是剪辑不单纯是技术操作，还外加了主观创意思想。导演与编剧都偏重于原创性的创造，剪辑是在此基础上进行的"再创新"的工作，是富有想象力与创造力的。

1.1.2 影视剪辑技术的发展

一般来讲，电影电视节目的制作需要专业的设备、场所及专业技术人员，这些都由专业公司来完成。近年来，影像作品应用领域呈现出了多样化的趋势，除了电影电视之外，在广告、网络多媒体以及游戏开发等领域也得到了充分的应用。同时随着摄像机的便携化、数字化以及计算机技术的普及，影像制作也走入了普通家庭。

从影像存储介质角度上看，影视剪辑技术的发展经历了胶片剪辑、磁带剪辑和数字化剪辑等阶段；从编辑方式角度看，影视剪辑技术的发展经历了线性编辑和非线性编辑的阶段。

1. 线性编辑

线性编辑是一种基于磁带的编辑方式。它利用电子手段，根据节目内容的要求将素材连接成新的连续画面。通常会使用组合编辑将素材顺序编辑成新的连续画面，然后再以插入编辑的方式对某一段素材进行同样长度的替换。但要想删除、缩短、加长中间的某一段素材就非常麻烦了，除非将那一段以后的画面抹去，重新录制。

2．非线性编辑

非线性编辑是相对于线性编辑而言的。非线性编辑借助计算机来进行数字化制作，几乎所有的工作都在计算机里完成，不再需要那么多外部设备，对素材的调用也非常方便，不用反反复复在磁带上寻找，突破单一的时间顺序编辑限制，可以按各种顺序排列，具有快捷简便、随机的特性。非线性编辑可以多次编辑，信号质量始终不会变低，既节省了设备人力，也提高了效率。非线性编辑需要专用的编辑软件和硬件，现在绝大多数的电视电影制作机构都采用了非线性编辑系统。

从非线性编辑系统的作用来看，它能集录像机、切换台、数字特技机、编辑机、多轨录音机、调音台、MIDI创作、时基等设备于一身，几乎包括了所有的传统后期制作设备。这种高度的集成性，使得非线性编辑系统的优势更为明显，在广播电视界占据越来越重要的地位。

1.1.3 影视剪辑工作基本流程

目前来讲，影视剪辑的工作流程也可以看成是非线性编辑的工作流程，可以分为输入、编辑、输出三大步骤。由于不同软件存在功能上的差异，使用流程还可以进一步细化。以Premiere Pro CS6为例，其使用流程主要分成5个步骤，如图1-1所示。

素材采集与输入 素材编辑 特效处理 字幕制作 输出播放

图1-1 Premiere Pro CS6使用流程

1．素材采集与输入

采集就是利用Premiere Pro CS6软件，将模拟视音频信号转换成数字信号存储到计算机中或者将外部的数字视频存储到计算机中，将其处理成可以编辑的素材。输入主要是把其他软件处理过的图像、声音等素材导入Premiere Pro CS6中。

2．素材编辑

素材编辑就是设置素材的入点与出点，以选择最合适的部分，然后按时间顺序组接不同素材的过程。

3．特效处理

对于视频素材，特效处理包括转场、特效与合成叠加。对于音频素材，特技处理包括转场和特效。非线性编辑软件功能的强弱，往往体现在这方面。配合硬件Premiere Pro CS6能够实现特效的实时播放。

4．字幕制作

字幕是影视节目中非常重要的部分。在Premiere Pro CS6中制作字幕很方便，可以实现非

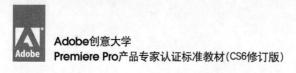

常多的效果，并且还有大量的字幕模板可以选择。

5．输出播放

节目编辑完成后，可以输出到录像带上，可以生成视频文件，用于网络发布、刻录VCD/DVD以及蓝光高清光盘等。

1.2 数字化影视剪辑基础知识

在计算机技术高度发展的今天，高性能计算机工作站已成为剪辑工作最好的平台，使用Premiere Pro CS6软件进行影视编辑工作，需要了解并掌握计算机的基础图像知识。

1.2.1 常用计算机图像原理

在影视剪辑过程中，经常需要对素材文件进行色彩与图像的调整。一部优秀的影视作品离不开合适的色彩搭配和优质的画面效果。在制作影视作品时需要对色彩的模式和图像类型以及分辨率等概念有充分的了解，才能灵活地运用各种类型的素材。

1．色彩模式

色彩模式即描述色彩的方式。在Premiere Pro CS6软件中常用的色彩模式有HSB、HSL、RGB、YUV和灰度模式，如图1—2所示。

图1—2　Premiere Pro CS6颜色拾取器界面

（1）HSB色彩模式。HSB色彩模式基于人对颜色的心理感受而形成。HSB色彩模式将色彩理解成三个要素：Hue（色调）、Saturation（饱和度）和Brightness（亮度），这比较符合人的主观感受，可以让使用者觉得更加直观。它可用底与底对接的两个圆锥体立体模型来表示。其中轴向表示亮度，自上而下由白变黑；径向表示色饱和度，自内向外逐渐变高；而圆周方向则表示色调的变化，形成色环。

（2）HSL色彩模式。HSL色彩模式是工业界的一种颜色标准，通过对Hue（色调）、Saturation（饱和度）和 Light（亮度）三个颜色通道的变化以及它们相互之间的叠加来得到各式各样的颜色，这个标准几乎包括了人类视力所能感知的所有颜色，是目前运用最广的颜色系统之一。HSL色彩模式使用HSL模型为图像中每一个像素的HSL分量分配一个0～255范围内的强度值。HSL图像只使用三种通道，就可以使它们按照不同的比例混合，在屏幕上重现16777 216

种颜色。在 HSL 模式下，每个通道都可使用0～255之间的值。

（3）RGB色彩模式。RGB是由红、绿、蓝三原色组成的色彩模式。计算机中显示出来的色彩都是由三原色组合而来。三原色中的每一种颜色一般都可包含256种亮度级别，三个通道合成在一起就可以显示出完整的颜色图像。电视机或监视器等视频设备就是利用光的三原色进行彩色显示的。

RGB图像中的每个通道一般可包含2^8个不同的色调。通常所提到的RGB图像包含三个通道，在一幅图像中可以有2^{24}种（约1670万个）不同的颜色。

在Premiere Pro CS6软件中可以通过对红、绿、蓝三个通道的数值的调节，来调整对象的色彩，每个颜色通道的取值范围为0～255，当三个通道中的任意两个通道的数值都为0时，图像显示为黑色，当三个通道中的任意两个通道的数值都为255时，图像显示为白色。

（4）YUV色彩模式。YUV是被欧洲电视系统所采用的一种颜色编码方法，是PAL和SECAM模拟彩色电视制式采用的颜色空间。在现代彩色电视系统中，通常采用三管彩色摄影机或彩色CCD摄影机进行取像，然后把取得的彩色图像信号经分色、分别放大校正后得到RGB，再经过矩阵变换电路得到亮度信号Y和两个色差信号R－Y（U）、B－Y（V），最后发送端将亮度和色差三个信号分别进行编码，用同一信道发送出去。这种色彩的表示方法就是所谓的YUV色彩模式。YUV色彩模式的亮度信号Y和色度信号U、V是分离的。

（5）灰度模式。灰度模式属于非彩色模式，它只包含256种不同的亮度级别，只有一个"Black"（黑色）通道。剪辑人员在图像中看到的各种灰度色调都是由256种不同强度的黑色所表示的。灰度图像中的每个像素的颜色都采用8位二进制数字的方式进行存储。

> **注意**
>
> CMYK色彩模式是常见的色彩模式之一，这种色彩模式主要应用于出版印刷领域，它不能应用于视频编辑，Premiere Pro CS6不支持采用此色彩模式的素材文件。Lab色彩模式也是常见的色彩模式之一，这种色彩模式主要应用于图像编辑，它也不适合应用于视频编辑领域，Premiere Pro CS6也不支持采用此色彩模式的文件。

2. 图形术语

计算机上可以显示的图形一般可分为两种类型：位图图形和矢量图形。

（1）位图图形。位图图形也称为光栅图形，通常也称为图像，每一幅位图图形都包含着一定数量的像素。每一幅位图图形的像素数量是固定的，当位图图形被放大时，由于像素数量不能满足更大图形尺寸的需求，会产生模糊感，如图1－3所示。剪辑人员在创建位图图形时，必须指定图形的尺寸和分辨率。数字化的视频文件也是由连续的位图图形组成的。

（2）矢量图形。矢量图形通过数学方程式产生，由数学对象所定义的直线和曲线组成。在矢量图形中，所有内容都是由数学定义的曲线（或者路径）组成的，这些路径曲线放在特定位置并填充特定的颜色。移动、缩放图片或更改图片的颜色都不会降低图形的品质，如图1－4所示。

图1－3　位图图形放大后画面变模糊

图1－4　矢量图形放大后画面无损失

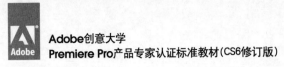
矢量图形与分辨率无关,将它缩放到任意大小打印,在输出设备上都不会遗漏细节或损伤清晰度,是生成文字(尤其是小号文字)的最佳选择,矢量图形还具有文件数据量小的特点。Premiere Pro CS6中的字幕图形就是矢量图形。

(3)像素。像素是构成图形的基本元素,是位图图形的最小单位。"像素"(Pixel)是由 Picture(图像)和 Element(元素)这两个单词的字母所组成的,是用来计算数码影像的一种单位,如同摄影的相片一样,数码影像也具有连续性的浓淡阶调,若放大影像数倍,会发现这些连续色调其实是由许多色彩相近的小方点组成的,这些小方点就是构成影像的最小单位——"像素"。这种最小的图形单元在屏幕上通常显示为单个的染色点。越高位的像素拥有的色板越丰富,越能表达颜色的真实感。

(4)分辨率。分辨率(resolution)是指屏幕图像的精密度,即显示器所能显示的像素的多少。由于屏幕上的点、线和面都是由像素组成的,显示器可显示的像素越多,画面就越精细,同样地,屏幕区域内能显示的信息也就越多,所以分辨率是一个非常重要的性能指标。

> **经验**
>
> 视频文件只能以72Pixels/inch(像素/英寸)的分辨率显示,即使图像的分辨率高于72Pixels/inch,在视频编辑应用程序中显示图像尺寸时,图像品质看起来也与72Pixels/inch的效果相似,所以在选择和处理各种素材时,将分辨率设置成72Pixels/inch即可。

(5)色彩深度。模拟信号视频转换为数字化后,能否真实反映原始图像的色彩是十分重要的。在计算机中,采用色彩深度这一概念来衡量处理色彩的能力。色彩深度指的是每个像素可显示出的色彩数,它与数字化过程中的量化比特数有着密切的关系。因此色彩深度一般都用多少量化比特数,也就是多少位(bit)来表示,量化比特数越高,每个像素可显示出的色彩数目越多。8位色彩是256色;16位色彩称为中彩色(Thousands);24位色彩称为真彩色,就是百万色(Millions)。

> **注意**
>
> 常见的32位色彩与24位色彩在画面显示上没有区别,多出来的8位用来体现素材半透明的程度,也被称为Alpha透明通道。

1.2.2 常见影视剪辑基础名词

1.数字视频基本概念

(1)场。在普通CRT电视上,每个电视的帧(每幅画面)包含2个画面,电视机通过隔行扫描技术,把每个电视的帧画面隔行抽掉一半,然后交错合成为1个帧的大小。由隔行扫描技术产生的两个画面被称为场。场是以水平隔线的方式保存帧的内容,在显示时先显示第一个场的交错间隔内容,然后再显示第二个场来填充第一个场留下的缝隙。每一个NTSC视频的帧大约显示1/30 s,每一场大约显示1/60 s,而PAL制式视频的一帧显示时间是1/25 s,每一个场显示为1/50 s。

视频素材分为交错式和非交错式。当前大部分广播电视信号是交错式的,而计算机图形软件包括Premiere是以非交错式显示视频的。交错视频的每一帧由两个场(Field)构成,称为场1和场2，或者称为奇场和偶场，在Premiere中称为上场（Upper Field）和下场（Lower Field），这些场依照顺序显示在NTSC或PAL制式的监视器上，能产生高质量平滑图像。

（2）场顺序。在显示设备将光信号转换为电信号的扫描过程中，扫描总是从图像的左上角开始，水平向前进行，同时扫描点也以较慢的速率向下移动，通常分隔行扫描和逐行扫描两种扫描方式。隔行扫描指显示屏在显示一幅图像时，先扫描奇数行，全部完成奇数行扫描后再扫描偶数行，因此每幅图像需扫描两次才能完成。大部分的广播视频采用两个交换显示的垂直扫描场构成每一帧画面，这叫作交错扫描场。计算机操作系统是以非交错形式显示视频的，它的每一帧画面由一个垂直扫描场完成，电影胶片类似于非交错视频，每次显示整个帧场的扫描先后顺序称为场顺序，一般分为上场优先和下场优先两种。

（3）帧。帧是指组成影片的每一幅静态画面。无论是电影或者电视，都是利用动画的原理使图像产生运动的。动画就是将一系列差别很小的画面以一定速率连续放映而产生出运动视觉的技术。根据人类的视觉暂留现象，连续的静态画面可以产生运动效果。构成视频素材文件的最小单位元素为帧（frame），即组成动画的每一幅静态画面，一帧就是一幅静态画面，如图1-5所示。

图1-5　组成动画的每一幅静态画面

（4）帧速率。帧速率是指播放视频时每秒钟所播放的画面数量。物体在快速运动时，人眼对于时间上每一个点的物体状态会有短暂的保留现象，如夜晚广场上晃动的探照灯。由于视觉暂留现象，看到的不是一个亮点沿弧线运动，而是一道道的弧线。这是由于探照灯在前一个位置发出的光还在人的眼睛里短暂保留，它与当前探照灯的光芒融合在一起，因此组成一段弧线。由于视觉暂留的时间非常短，为10^{-1} s，所以为了得到平滑连贯的运动画面，必须使画面的更新达到一定标准，即每秒钟所播放的画面要达到一定数量，这就是帧速率。PAL制式的影片的帧速率是25帧/ s，NTSC制式的影片的帧速度是29.97帧/ s（frame per second），电影的帧速率是24帧/ s。

（5）字幕。字幕是移动文字提示、标题、片头或文字标题。

（6）画外音。画外音指影片中声音的画外运用，即不是由画面中的人或物体直接发出的声音，而是来自画面外的声音。旁白、独白、解说是画外音的主要形式。旁白一般分为客观性叙述与主观性自述两种。画外音摆脱了声音依附于画面视像的从属地位，充分发挥声音的创造作用，打破镜头和画面景框的界限，把电影的表现力拓展到镜头和画面之外，不仅使观众能深入感受和理解画面形象的内在涵义，而且能通过具体生动的声音形象获得间接的视觉效果，强化了影片的视听结合功能。画外音和画面内的声音及视像互相补充，互相衬托，可产生各种蒙太奇效果。

（7）转场。转场是指在一个场景结束到另一个场景开始之间出现的内容。段落是影片最基本的结构形式，影片在内容上的结构层次是通过段落表现出来的。而段落与段落、场景与场景之间的过渡或转换，就叫作转场。通过添加转场特效，剪辑人员可以将单独的素材和谐地融

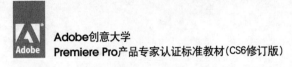
合成一部完美的影片。

（8）模拟信号。模拟信号是指用磁带作为载体对视频画面进行记录、保存和编辑的一种视频信号模式。这种模式是将所有的视频信息记录在磁带上。在对视频进行编辑时，采用的就是线性编辑的模式。随着计算机技术的不断发展，线性编辑这种模式慢慢被非线性编辑模式所代替。

（9）数字信号。数字信号是相对于模拟信号而言的，数字信号是指在视频信号产生后的处理、记录、传送和接收的过程中使用的在时间上和幅度上都是离散化的信号，相应的设备称为数字视频设备。

（10）时间码。时间码（Time Code）是摄像机在记录图像信号的时候，针对每一幅图像记录的唯一的时间编码，是一种应用于流的数字信号。该信号为视频中的每个帧都分配一个数字，用以表示小时、分钟、秒钟和帧数。现在所有的数码摄像机都具有时间码功能，模拟摄像机基本没有此功能。

（11）宽高比。宽高比是视频标准中的重要参数，可以用两个整数的比来表示，也可以用小数来表示，如4∶3或1.33。电影、SDTV（标清电视）和HDTV（高清晰度电视）具有不同的宽高比，SDTV的宽高比是4∶3或1.33，HDTV和扩展清晰度电视（EDTV）的宽高比是16∶9或1.78。电影的宽高比从早期的1.333到宽银幕的2.77，由于输入图像的宽高比不同，便出现了在同一宽高比屏幕上显示不同宽高比图像的问题。像素宽高比是指图像中一个像素的宽度和高度之比，帧宽高比则是指图像的一帧的宽度与高度之比。某些视频输出使用相同的帧宽高比，但却使用不同的像素宽高比。例如，某些NTSC数字化压缩卡产生4∶3的帧宽高比，使用方形像素（1.0像素比）及640像素×480像素的分辨率；DV-NTSC采用4∶3的帧宽高比，但使用矩形像素（0.9像素比）及720像素×486像素的分辨率。

2．电视制式

电视信号的标准也称为电视的制式，目前各国的电视制式不尽相同。电视制式的区分主要在于其帧频（场频）的不同、分解率的不同、信号带宽以及载频的不同、色彩空间的转换关系不同等。彩色电视制式是在满足黑白电视技术标准的前提下研制的，为了实现黑白和彩色信号的兼容，色度编码对副载波的调制有三种不同方法，形成了三种彩色电视制式，即NTSC制、PAL制和SECAM制。

（1）NTSC制式。全称为正交平衡调幅制——National Television Systems Committee。采用这种制式的主要国家有美国、加拿大和日本等。这种制式的帧速率为29.97帧/s，每帧525行262线，标准画面尺寸为720×480（像素）。

（2）PAL制式。全称为正交平衡调幅逐行倒相制——Phase-Alternative Line。中国、德国、英国和其他一些西北欧国家采用这种制式。这种制式帧速率为25帧/s，每帧625行312线，标准画面尺寸为720×576（像素）。

（3）SECAM制式。全称为行轮换调频制——Sequentiel Couleur Avec Memoire。采用这种制式的有法国、前苏联和东欧一些国家。这种制式帧速率为25帧/s，每帧625行312线，标准画面尺寸为720×576（像素）。

3．网络流媒体与移动流媒体

（1）网络流媒体。网络流媒体是指采用流式传输的方式在Internet播放的媒体格式。流媒体又称为流式媒体，服务商用一个视频传送服务器把节目当成数据包发出，传送到网络上；用户通过解压设备对这些数据进行解压后，节目就会像发送前那样显示出来。

流媒体实际指的是一种新的媒体传送方式，而非一种新的媒体。流式传输方式将视音频及3D等多媒体文件经过特殊的压缩方式分成一个个压缩包，由视频服务器向用户计算机连续、实时传送。在采用流式传输方式的系统中，用户不必像采用下载方式那样等到整个文件全部下载完毕，而是只需经过几秒或几十秒的启动延时即可在用户的计算机上利用解压设备（硬件或软件）对压缩的A/V、3D等多媒体文件解压后进行播放和观看。此时多媒体文件的剩余部分将在后台的服务器内继续下载。

（2）移动流媒体。移动流媒体是在移动设备上实现的视频播放功能，现在智能手机操作系统（Sb3、Windows Phone7、iOS4、Android 2.3等）发展越来越快，在这些手机上可以下载流媒体播放器实现流媒体播放。近几年来，基于宽带有线网络的流媒体技术应用获得了长足发展，基于移动通信网络的流媒体技术也日益走向成熟。

当前，3G网络为移动流媒体业务发展提供了更有效的支撑。由于3G网络拥有更高的数据传输速率和数据业务支撑能力，3G运营商不仅可以向用户提供高质量的语音业务，而且还能够提供高速率的流媒体业务。日本和韩国以及欧美地区的一些移动运营商已相继推出了基于移动流媒体技术的视频业务，国内3G业务也有了长足发展。移动流媒体业务已成为3G网络的核心业务和热点业务。

常见的可以用流式传输方式播放的视频文件格式有3GP、RA、RM、RMVB、ASF、FLV、WMV、SWF等。

4．标清与高清

标清与高清是两种不同的视频标准，标清是指标准清晰度视频，而高清是指高清晰度视频，它们的不同体现在文件尺寸和质量上。

就制式而言，PAL制式标清视频尺寸为720像素×576像素，大于这个尺寸的称为高清视频，如1280像素×720像素、1920像素×1080像素等。相对于标清视频而言，高清视频的画质有很大幅度的提高，同时在声音方面因为采用了先进的解码与环绕立体声技术，可以带来更真实的现场感受。

就存储发行介质而言，一般标准DVD光盘存储的是标清视频，画面大小一般为720像素×576像素（PAL制式）或者720像素×480像素（NTSC制式），而蓝光光盘一般存储高清视频，画面大小一般为1280像素×720像素或者1920像素×1080像素。

高清视频可以分为多个层次，各层次的区别在于画面尺寸和帧速率，如表1-1所示。

表1-1 高清视频格式汇总

格式	尺寸（像素）	帧速率（帧/s）	行交错
720P 24	1280×720	23.976	逐行
720P 25	1280×720	25	逐行
720P 30	1280×720	29.97	逐行
720P 50	1280×720	50	逐行
720P 60	1280×720	59.94	逐行

（续表）

格式	尺寸（像素）	帧速率（帧/s）	行交错
1080P 24	1920×1080	23.976	逐行
1080P 25	1920×1080	25	逐行
1080P 30	1920×1080	29.97	逐行
1080i 50	1920×1080	25（50场/s）	隔行
1080i 60	1920×1080	29.97（59.94场/s）	隔行

注意

随着计算机技术的迅速发展，现在的计算机设备对于高清视频编辑而言已经游刃有余，蓝光播放器价格也已逐渐降低，大屏幕液晶电视销量屡创新高，中国的电视台也会在几年后全面提供高清频道，高清视频必将是大势所趋。

1.3 本章习题

选择题

1. 视频文件的分辨率是 _____ （单选）
   A．96Pixels/inch　　B．72Pixels/inch　　C．300Pixels/inch　　D．150Pixels/inch

2. 在隔行扫描模式的视频文件中，每一帧画面包含的场的数量为_____（单选）
   A．1　　　　　　B．2　　　　　　C．3　　　　　　D．4

3. 常见高清视频的画面尺寸有_____（多选）
   A．1280×720（像素）　　　　　　B．1920×1080（像素）
   C．720×576（像素）　　　　　　D．720×480（像素）

4. 目前中国通用的电视制式是 _____（单选）
   A．NTSC　　　　B．PAL　　　　C．SECAM　　　　D．HDTV

5. 下列说法正确的是 _____（单选）
   A．构成视频素材文件的最小单位元素是"场"
   B．PAL制式视频格式的帧速率是29.97帧/s
   C．矢量图形可以任意放大而不会损伤清晰度
   D．位图图形可以任意放大而不会损伤清晰度

6. 下列说法不正确的是 _____（多选）
   A．剪辑和剪接的概念是相同的
   B．非线性编辑的可操作性优于线性编辑
   C．视频素材文件可以采用CMYK的颜色模式
   D．HDTV高清晰度电视的宽高比是4:3

第2章
Premiere Pro CS6 概述

Premiere Pro CS6 是 Adobe 公司出品的一款非线性视频编辑软件,可以在多个平台下使用,被广泛地应用于电视栏目、广告制作和电影电视剪辑等领域。

学习目标

→ 了解 Premiere 软件的发展历史

→ 了解 Premiere Pro CS6的工作界面

→ 了解 Premiere Pro CS6的常用参数设置

2.1 Premiere与Adobe Creative Suite

Adobe Creative Suite（也称为Adobe创新套件）是Adobe系统公司出品的图形设计、影像编辑与网络开发的软件产品套件，它的第一个版本于2002年推出，至今已发展到第6个版本。Premiere软件是Adobe创新套件中的视音频剪辑软件，经过多个版本的不断完善，已经发展成为PC和MAC平台上应用最为广泛的影视编辑软件。

2005年4月，Adobe推出了Adobe Creative Suite 2套件，其系列产品的新版本名称后缀也改为CS2（如Photoshop CS2），套件同时有Windows和Mac两个版本。2007年3月，Adobe Creative Suite 3套件发布，如图2－1所示，其中的Premiere软件也升级为了Premiere Pro CS3，如图2－2所示。

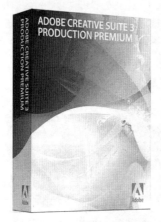

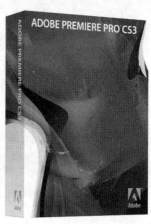

图2－1　Adobe Creative Suite 3 Production Premium　　　图2－2　Premiere Pro CS3

2008年10月，Adobe Creative Suite 4套件发布，其中Premiere软件也随之升级为Premiere Pro CS4，如图2－3所示。2010年4月12日，Adobe Creative Suite 5套件发布，其中Premiere软件也随之升级为Premiere Pro CS5，如图2－4所示。

图2－3　Premiere Pro CS4　　　　　　　图2－4　Premiere Pro CS5

2012年4月16日，Adobe Creative Suite 6套件发布，所有组件和套件都升级到了最新版，其中Premiere软件也随之升级为Premiere Pro CS6。

2.2　**Premiere Pro CS6工作界面**

Premiere Pro CS6的工作界面可以分为三大部分：启动界面、菜单栏和工作界面。

2.2.1／**启动界面**

Premiere Pro CS6的启动界面可以新建项目并设置项目的界面，能对新建项目的格式、制式、音频模式等进行设置。

（1）从程序菜单中或者桌面图标打开Premiere Pro CS6，弹出软件初始化界面，如图2—5所示。

图2—5　Premiere Pro CS6初始化界面

（2）软件初始化之后弹出欢迎界面，如图2—6所示。界面中有三个按钮："New Project"（新建项目）、"Open Project"（打开项目）和"Help"（帮助文档）。

图2—6　软件欢迎界面

（3）单击"New Project"（新建项目）按钮，弹出"New Project"（新建项目）对话框，在对话框的"General"（通用）标签中可以对项目的"Video"（视频）、"Audio"（音频）、"Capture"（采集）、"Video Rendering and Playback"（视频渲染与播放）等选项进行设置，并且可以自定义项目的"Location"（存储位置）以及"Name"（名称）。"Scratch Disks"（暂存盘）标签中的选项可以保持默认，如图2—7所示。

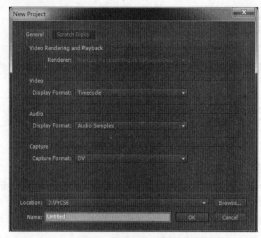

图2-7 项目设置画面

（4）"New Project"（新建项目）对话框设置完成后，单击"OK"按钮，弹出"New Sequence"（新建序列）对话框。在这个界面中可以选择不同的视频标准，如PAL制式和NTSC制式等，要根据项目的需要或者视频来源设备的标准来选择，如图2-8所示。

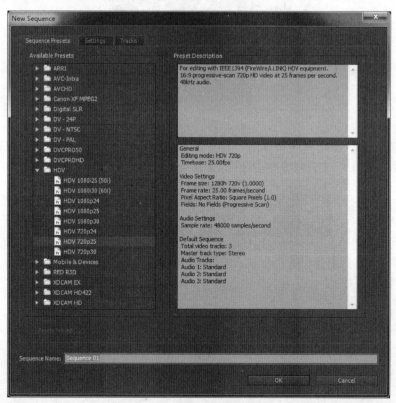

图2-8 序列设置画面

> **经验**
>
> 项目的帧速率、尺寸、像素比例和场顺序都需要在新建项目时设置好，一旦开始编辑影片，这些参数将无法再进行修改。

2.2.2 菜单栏

Premiere Pro CS6中共提供了9组菜单选项，其中大部分菜单命令在工作界面中也有相应的快捷按钮，还可以通过鼠标右击在弹出的快捷菜单中选择相应的命令。

1. "File"菜单

"File"（文件）菜单用来执行创建、打开和存储文件或项目等操作，如图2-9所示。

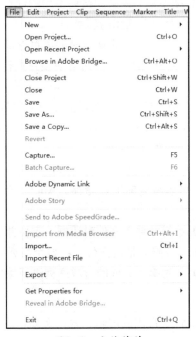

图2-9 文件菜单

> **注意**
>
> 选择右边带有▶三角符号的菜单命令会弹出子菜单，子菜单中包含更多的选项。

菜单中常用命令的说明如下。

（1）"New"（新建）：单击▶图标弹出子菜单，新建命令子菜单分为上下两部分，下半部分为创建新素材命令，这一部分将会在后续章节中详细讲述，上半部分为常用的选项，其说明如下。

- "Project"（项目）：创建项目，用于组织和整理项目所使用的源素材和合成序列。
- "Sequence"（序列）：创建合成序列，用于编辑加工源素材。
- "Sequence From Clip"（从素材片段创建序列）：首先在"Project"窗口中选择一个素材片段，然后选择此命令可以创建一个新的序列，被选择的素材片段自动包含在此序列中，并显示在时间线窗口中，此序列的所有参数与此素材片段一致。
- "Bin"（文件夹）：创建项目内部文件夹，可以容纳各种类型的片段以及子片段。
- "Offline File"（离线文件）：Premiere Pro CS6自动为找不到的素材文件创建离线文件或者在进行编辑的任一时刻创建离线文件。
- "Adjustment Layer"（调节层）：创建一个调节层，这个层本身是透明的，可以在这个层上添加各种特效，并对这个层下方的所有素材产生影响。

- "Title"（字幕）：新建一段字幕并打开字幕编辑窗口。
- "Photoshop File"（Photoshop文件）：**创建空白Photoshop文件，该文件的属性将自动匹配项目视频的属性，并自动保存在Premiere Pro CS6项目文件中。**

（2）"Open Project"（打开项目）：打开项目文件对话框，定位并选择打开项目文件。

（3）"Open Recent Project"（打开最近项目）：查看最近打开过的项目文件。

（4）"Close Project"（关闭项目）：关闭当前使用的项目。

（5）"Save"（保存）：保存当前使用的项目。

（6）"Save As"（另存为）：把当前正在编辑的项目存储为另外一个项目文件。

（7）"Save a Copy"（保存一个副本）：对当前项目进行复制，然后存储为另一个文件作为项目的备份。

（8）"Revert"（返回）：把当前已经编辑过的项目恢复到最后一次保存的状态。

（9）"Adobe Dynamic Link"（Adobe动态链接）：链接外部资源，导入After Effects软件特效，使Premiere Pro CS6软件的特效功能更加强大。

（10）"Send to Adobe SpeedGrade"（发送到Adobe SpeedGrade）：Adobe SpeedGrade是一款数字校色软件，此命令可以将当前项目储存为Adobe SpeedGrade格式，并且在Adobe SpeedGrade软件中打开此项目。

（11）"Import"（导入）：打开导入文件对话框，定位并选择导入文件。

（12）"Import Recent File"（导入最近文件）：显示最近导入的文件。

（13）"Export"（输出）：对编辑完成的合成序列进行输出。

2．"Edit"菜单

"Edit"（编辑）菜单中提供了常用的编辑命令。例如，恢复、重做、复制文件等操作，如图2—10所示。

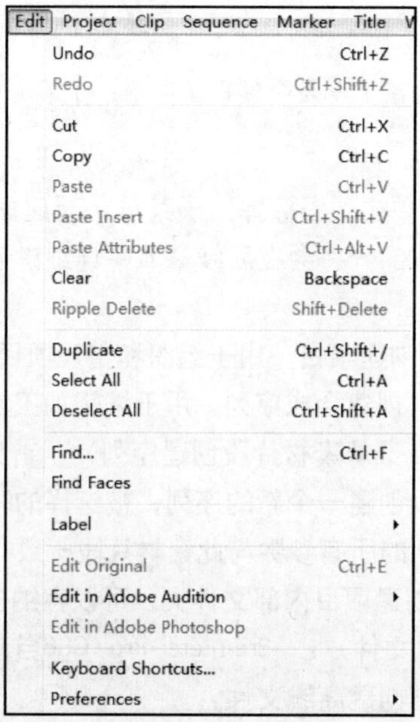

图2—10　编辑菜单

菜单中常用命令说明如下。

（1）"Undo"（撤销）：恢复到上一步的操作。撤销的次数限制取决于计算机的内存大小，内存容量越大则可以撤销的次数越多，撤销的次数限制可以在首选项设置中调整。

（2）"Redo"（重做）：重做恢复的操作。

（3）"Cut"（剪切）：将选择的内容剪切并存在剪贴板中，以供粘贴使用，粘贴后原内容将被删除。

（4）"Copy"（复制）：将选取的内容复制并存到剪贴板中，对原有的内容不做任何修改。

（5）"Paste"（粘贴）：将剪贴板中保存的内容粘贴到指定的区域中，可以进行多次粘贴。

（6）"Paste Insert"（粘贴插入）：将复制到剪贴板上的剪辑插入时间指示点。

（7）**"Paste Attributes"（粘贴属性）：通过复制和粘贴操作，把素材的效果、透明度设置、淡化设置、运动设置等属性传递给另外的素材。**

（8）"Clear"（清除）：消除所选内容。

（9）"Ripple Delete"（波纹删除）：删除两个剪辑之间的间距，所有未锁定的剪辑会移动来填补这个空隙。

（10）"Duplicate"（副本）：创建素材的副本文件。

（11）"Find"（查找）：在项目窗口中寻找相对应的素材。

（12）"Edit Original"（编辑原始素材）：打开生成素材的应用程序，并对素材进行编辑。

（13）**"Edit in Adobe Audition"（在Audition中编辑）：Premiere Pro 可以导入由Audition生成的音频文件，并可以通过此命令在Audition 中继续对导入到Premiere Pro 中的音频素材进行再编辑。**

> **经验**
>
> Premiere Pro 并不支持导入音乐CD 中的"CDA"格式文件作为音频素材使用，可以通过Audition 将"CDA"格式文件转换为"WAV"等格式，再导入Premiere Pro 中进行编辑。

（14）"Edit in Adobe Photoshop"（在Adobe Photoshop中编辑）：启动Photoshop软件，在Photoshop软件中对当前素材进行编辑处理。

（15）**"Keyboard Shortcuts"（自定义键盘快捷键）：对 "Application"（程序）、"Panels"（窗口）和"Tools"（工具）等进行键盘快捷键设置，并且提供了兼容AVID Xpress DV和Final Cut Pro的快捷键。**

（16）"Preferences"（首选项）：根据不同需求，对软件的参数进行个性化设置，单击▶三角符号出现子菜单，选择其中任意一项打开"Preferences"设置面板，"Preferences"设置面板的内容将在2.3节讲述。

3．"Project"菜单

"Project"（项目）菜单用于工作项目的设置以及对工程素材库的一些操作，如图2—11所示。

（1）"Project Settings"（项目设置）：在工作过程中更改项目设置，单击▶图标弹出子

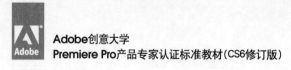

菜单，子菜单的命令如下。

- "General"（常规）：调整项目参数设置。
- "Scratch Disk"（暂存盘）：采集视频和音频的保存路径。

（2）"Link Media"（链接媒体）：在项目素材窗口中为脱机文件链接硬盘上的视频素材。

（3）"Make Offline"（造成脱机）：弹出造成脱机对话框，如图2—12所示。

图2—11　项目菜单　　　　　　　　　图2—12　造成脱机的选项

对话框中各选项说明如下。

- "Media Files Remain on Disk"（在硬盘上保留媒体文件）：当选择的在线文件变成脱机文件时，使源素材保留在硬盘上。
- "Media Files Are Deleted"（删除硬盘上的源素材）：当选择的在线文件变成脱机文件时，删除硬盘上的源素材。

（4）"Project Manager"（项目管理）：将项目文件以及项目中包含的视频、音频等素材文件进行打包处理，方便项目数据保存与交换。

（5）"Remove Unused"（移除未使用素材）：将未使用的素材从序列中删除。

4．"Clip"菜单

"Clip"（素材）菜单是Premiere Pro CS6中十分重要的菜单，Premiere Pro CS6中剪辑影片的大多数命令都包含在这个菜单中，如图2—13所示。

菜单中常用命令说明如下。

（1）"Rename"（重命名）：对素材文件进行重命名，不影响素材源文件的名称。

（2）"Make Subclip"（制作子剪辑）：将时间线中的某一段素材提取出来作为新的素材存放于"Project"（项目）面板中。

（3）"Edit Subclip"（编辑子剪辑）：对子剪辑进行编辑，改变入点和出点等属性。

（4）"Edit Offline"（编辑脱机文件）：对脱机文件的各项参数进行设置。

（5）"Modify"（修改）：修改素材的音频通道属性、自定义素材的帧速率、像素比、场序以及Alpha通道、定义时间码。

（6）"Video Option"（视频选项）：调节视频的各种选项，包括以下几项设置。

- "Frame Hold"（帧定格）：使一个剪辑中的入点、出点或标记点的帧保持静止。
- "Field Options"（场选项）：在使用视频素材时，会遇到交错视频场的问题。它会严重影响最后的合成质量，通过设置场的有关选项来纠正错误的场顺序，得到较好的视频合成效果。

● "Frame Blend"（帧融合）：启用帧融合技术。帧融合技术用来解决视频素材快放和慢放所产生的问题。

● "Scale to Frame Size"（缩放为当前画面大小）：将素材文件的画面大小调整为当前序列的画面大小。

（7）"Audio Option"（音频选项）：进行调节音量、提取音频素材等设置。

（8）"Analyze Content"（分析内容）：分析当前选择的素材的内容。

（9）"Speed/Duration"（速度/持续时间）：对素材的速度或时长进行调整。

（10）"Remove Effects"（移除特效）：删除当前选择的素材上已经添加的特效。

（11）"Capture Settings"（采集设置）：设置素材采集的基本参数。

（12）"Insert"（插入）：将选择的剪辑插入到当前视频轨道中，插入位置的素材向后移动。

（13）"Overlay"（覆盖）：用选择的剪辑覆盖另一个剪辑中的部分帧，不改变剪辑的时长。

（14）"Replace Footage"（替换素材）：对当前所选择的素材进行替换，包括从源监视器、素材源监视器和匹配帧三种替换方式中，选择替换素材的来源。

（15）"Replace With Clip"（替换剪辑）：对当前所选择的剪辑过的素材进行替换，包括从源监视器、素材源监视器和匹配帧三种替换方式中，选择替换素材的来源。

（16）"Enable"（激活）：激活当前所选择的素材。只有被激活的素材才会在影片监视器窗口中显示。

（17）"Merge Clips"（合并剪辑）：将项目中的多段剪辑片段合并成为一个片段。

（18）"Nest"（嵌套）：将一个"Sequence"序列作为素材置入另一个"Sequence"序列中。

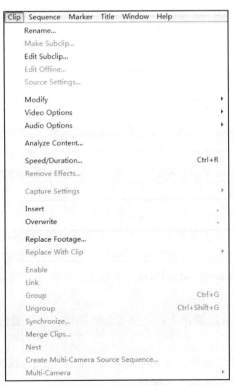

图2-13　素材菜单

5. "Sequence" 菜单

"Sequence"（序列）菜单包含Premiere Pro CS6中对序列进行编辑的各项命令，如图2—14所示。

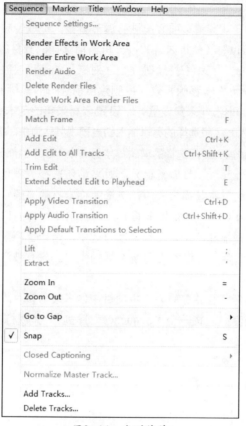

图2-14 序列菜单

菜单中常用命令说明如下所示。

（1）"Sequence Settings"（序列设置）：设置视频和音频的画面大小、像素、显示格式以及预览文件格式。

（2）"Render Effects in Work Area"（渲染工作区域内的特效）：用内存对时间线工作区中的合成序列进行渲染预览。

（3）"Render Entire Work Area"（渲染完整工作区域）：完成渲染整个工作区域。

（4）"Render Audio"（渲染音频）：只渲染剪辑中的音频效果。

（5）"Delete Render Files"（删除渲染文件）：删除内存渲染文件。

（6）"Delete Work Area Render Files"（删除工作区域的渲染文件）：删除完整的工作区域渲染文件。

（7）"Add Edit"（添加编辑点）：在当前时间线指针位置应用剃刀效果，切断当前轨道上选择的素材。

（8）"Add Edit to All Tracks"（为全部轨道上的素材添加编辑点）：在当前时间线指针位置应用剃刀效果，切断所有轨道上的素材。

（9）"Apply Video Transition"（应用视频转场效果）：将"Effects"窗口中选中的视频特效应用到剪辑中。

（10）"Apply Audio Transition"（应用音频转场效果）：作用与"Apply Video Transition"（应用视频转场效果）命令相似。

（11）"Apply Default Transition to Selection"（应用默认视频转场效果到当前选择）：应用默认视频转场效果到当前选择，默认情况下是"Cross Dissolve"（交叉叠化）特效。

（12）"Go to Gap"（跳转间隔）：将时间线指针定位到序列或者轨道中的间隔位置上（素材之间未衔接的空白位置）。

（13）"Snap"（吸附）：靠近边缘的地方自动向边缘处吸附。

（14）"Closed Captioning"（不显示隐藏式字幕）：隐藏式字幕是一种在特殊条件下才能显示出来的字幕，Premiere Pro CS6软件可以导入并显示特殊的隐藏式字幕，此命令可以显示或者关闭隐藏式字幕。

（15）"Normalize Master Track"（标准化主要音频轨道）：对主轨道音频的音量进行标准化设置。

（16）"Add Tracks"（添加轨道）：增加视频和音频的编辑轨道。

（17）"Delete Tracks"（删除轨道）：删除视频和音频的编辑轨道。

6．"Marker"菜单

"Marker"（标记）菜单主要包含了对标记点进行设置的各项命令，如图2—15所示。菜单中的各项命令说明如下。

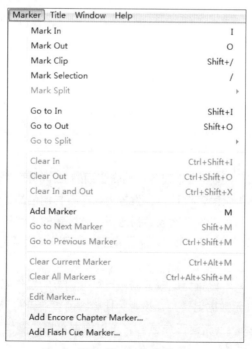

图2—15　标记菜单

菜单中大部分命令在"Source"和"Program"监视窗口中都有相对应的快捷按钮，在实际操作中常使用快捷按钮来代替菜单命令，快捷按钮将在下一节详细讲述。

（1）"Clear Current Marker"（清除当前标记）：设置清除时间线上当前的标记点。

（2）"Clear All Markers"（清除所有标记）：设置清除时间线上所有的标记点。

（3）"Edit Marker"（编辑标记）：对序列标记的注释、持续时间、章节名等项目进行设置，以用来区别不同的标记。

（4）"Add Encore Chapter Marker"（设置Encore章节标记）：在编辑标识线的位置添加一个Encore章节标记。

（5）"Add Flash Cue Marker"（设置Flash提示标记）：设置输出为Flash文件时的提示标记点。

7."Title"菜单

"Title"（字幕）菜单中的命令用于设置字幕的字体、尺寸、对齐方式等，这个菜单的大部分命令平时是灰色不可操作的，当新建或者打开一个字幕时，这个菜单的大部分命令就可以使用了，这个菜单将会在第7章详细讲述。

8."Windows"菜单

"Windows"（窗口）菜单主要包含设置显示或关闭各个窗口的命令，菜单中的"Workspaces"（工作区）命令可以选择或者定制工作界面布局，可以使用快捷键在多个工作界面布局中切换，如图2－16所示。

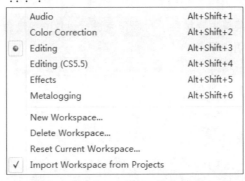

图2－16　工作区菜单

菜单中各选项说明如下。

● "Audio"（音频）：设置为比较容易编辑音频的工作界面布局。

● "Color Correction"（颜色校正）：设置为比较容易调色的工作界面布局。

● "Editing"（编辑）：设置为比较容易进行视频编辑的工作界面布局。

● "Editing（CS5.5）"（CS5.5版本的编辑工作界面）：设置为Premiere CS5.5版本的视频编辑工作界面布局。

● "Effects"（特效）：设置为比较容易进行特效调节的工作界面布局。

● "Metalogging"（元数据记录）：设置为比较容易查看素材元数据的工作界面布局。

● "New Workspace"（新建工作区）：可以根据自己的操作习惯来新建一个工作界面布局。

● "Delete Workspace"（删除工作区）：可以删除新建的或不再需要的工作界面布局，不可以删除软件自带的工作界面布局。

● "Reset Current Workspace"（重置当前工作区）：使界面恢复到当前所选择工作模式的默认状态，当工作界面布局混乱时使用此命令重置工作界面。

● "Import Workspace from Projects"（导入项目中的工作区设置）：当打开一个项目时，自动读取这个项目包含的工作界面布局设置，默认为勾选状态。

9. "Help"菜单

"Help"（帮助）菜单方便用户阅读Premiere Pro CS6的帮助文件、连接Adobe官方网站或者寻求在线帮助等。

2.2.3 工作界面

在"New Sequence"（新建序列）对话框设置完毕后，单击"OK"按钮即可进入软件的工作界面，软件的工作界面包含众多的编辑窗口，如图2-17所示。

图2-17 Premiere Pro CS6工作界面

1. "Project"窗口

"Project"（项目）窗口默认情况下分为两个部分，上部是素材管理区，下部是命令图标区域，如图2-18所示。

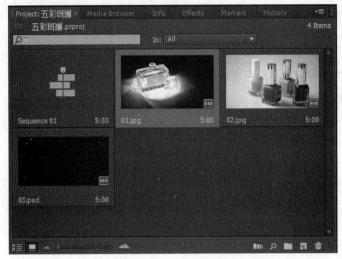

图2—18　项目窗口

窗口中各命令图标的说明如下。

（1）：以列表的形式显示素材。

（2）：以缩略图的形式显示素材。

（3）：将素材自动添加到"Sequence"（序列）窗口中。

（4）：单击后打开一个"Find"（查找）对话框，输入关键词来查找列表中的素材。

（5）：增加一个文件夹，对素材进行分类存放。

（6）：新建命令。单击出现下拉菜单，可以新建"Sequence"（序列）、"Offline File"（离线文件）、"Adjustment Layer"（调节层）、"Title"（字幕）、"Bars and Tone"（彩条）、"Black Video"（黑场）、"Color Matte"（彩色蒙版）、"HD Bars and Tone"（彩条）、"Universal Counting Leader"（通用倒计时片头）以及"Transparent Video"（透明视频）。

（7）：删除所选择的素材或者文件夹。

2．"Source"监视窗口和"Program"监视窗口

Premiere Pro CS6默认有两个监视窗口。监视窗口具有多种功能，其显示模式也有多种，可以根据用户的编辑习惯和需要进行调整。启动Premiere Pro CS6软件，新建一个项目并导入一段素材。在"Project"（项目）窗口中双击素材，素材会在"Source"（源素材）监视窗口中显示，将素材拖入"Sequence"（序列）窗口中，素材会自动显示在"Program"（影片）监视窗口中。

> **技巧**
>
> 在"Source"监视窗口的画面上可以单击鼠标右键，在弹出的菜单中可以对素材进行各种操作，如查看"Properties"（属性）等。在"Program"监视窗口无法查看"Properties"属性。

在"Source"监视窗口和"Program"监视窗口的下方都有相似的工具条，利用这些工具控制素材的播放，确定素材的入点和出点，之后再把素材加入到"Sequence"（序列）窗口中，并且对素材设定标记等。默认情况下，监视窗口下方的工具条上只显示一排常用的快捷按

钮，这些快捷按钮相对应的是"Marker"菜单中的大部分命令，用户可以单击监视窗口右下角的 ➕ 按钮，弹出"Button Editor"（按钮编辑器）面板，通过拖放操作添加更多按钮到工具条上，"Source"监视窗口和"Program"监视窗口的Button Editor"（按钮编辑器）面板内容略有不同，分别如图2—19和图2—20所示。

图2—19　"Source"监视窗口工具条

图2—20　"Program"监视窗口工具条

监视窗口工具按钮的说明如下。

（1）▶ 和 ■：拖放和停止按钮，两者是转场关系。按空格键能实现相同的功能。

（2）▶ 和 ◀：前进一个帧和后退一个帧。

（3）▶ 和 ◀：跳转到下一个标记点和跳转到前一个标记点。

（4）▶ 和 ▶：跳转到下一个编辑点和跳转到前一个编辑点。

（5）↻：循环播放按钮。

（6）▦：显示安全区域。

（7）▮ 和 ▮：设置素材入点和出点。

（8）▮ 和 ▮：清除素材入点和出点。

（9）♥：在当前播放位置设置一个标记。

（10）◀ 和 ▶：跳转到素材入点或者出点。

（11）{▶}：播放入点和出点标记之间的素材片段。

（12）Full ▾：从下拉列表的选项中选择素材显示的大小比例。

（13）1/2 ▾：从下拉列表的选项中选择素材显示的分辨率等级。

（14）▦：将源视图的当前素材插入"Sequence"（序列）面板所选轨道上。

（15）▦：将源视图的当前素材覆盖到"Sequence"（序列）面板所选轨道上。

（16）▦：将"Sequence"（序列）窗口中设置了出点和入点的素材片段删除，其位置保持空白。

（17）▦：将"Sequence"（序列）窗口中设置了出点和入点的素材片段删除，其位置由后续素材补充。

（18）▶▶：播放当前时间线指针所在位置之前或者之后两秒的动画。

（19）■：将当前帧输出为单张图片文件。

（20）■：显示或者隐藏"Closed Caption"（隐藏式字幕）。

3．"Sequence"窗口

"Sequence"（序列）窗口是Premiere Pro CS6进行视频、音频编辑的重要窗口之一，一般的编辑工作（包括添加视频特效、音频特效和音频视频转场的操作）都可以在"Sequence"窗口中进行，如图2-21所示。

图2-21　序列窗口

> **注意**
>
> "Sequence"窗口就是"Timeline"（时间线）窗口，当项目中没有序列的时候，窗口左上角的文字显示为"Timeline"，当项目中创建了序列之后，窗口左上角的文字就显示为"Sequence 01"、"Sequence 02"等。

在"Sequence"窗口中有多个快捷按钮，其说明如下。

（1）■：吸附按钮。按下按钮，在时间轨道上调整素材位置时，会将素材自动吸附到最近的素材边缘或者时间线指针上。

（2）■：设置符合Adobe Encore软件标准的章节标记。

（3）■：设置一个标记点。

（4）■：轨道显示模式按钮。设置视频轨道的可视属性，当图标为■时，视频轨道为可视；当图标为■时，视频轨道为不可视。

（5）■：锁定属性按钮。设置轨道可编辑性，当轨道被锁定时，轨道上被蒙上一层斜线并且无法进行操作。

（6）▶：展开属性按钮。展开或隐藏下属视频轨道工具栏和音频轨道工具栏。

（7）■：设置显示方式按钮。**调整轨道素材显示方式，共有以下四种。**

● "Show Head and Tail"（显示起始帧和结束帧）：显示视频轨道素材的第一帧和最后一帧。

● "Show Head Only"（仅显示开头）：显示视频轨道素材的第一帧。

● "Show Frames"（显示每一帧）：显示视频轨道素材的每一帧。

● "Show Name Only"（仅显示名称）：显示视频轨道素材的名称。

- "Show Markers"（显示标记点）：**在视频轨道上显示或者隐藏标记点。**

（8）关键帧显示模式按钮。下拉菜单中有多个选项，菜单中各选项的说明如下。

- "Show Keyframes"（显示关键帧）：显示素材上的关键帧。
- "Show Opacity Handles"（显示透明度控制）：打开或关闭透明度按钮显示。
- "Hide Keyframes"（隐藏关键帧显示）：隐藏素材上所有设置过的关键帧。

（9）跳到下一个关键帧按钮。将时间线指针定位在被选素材轨道上的下一个关键帧上。

（10）设置关键帧按钮。在时间线指针的位置上，设置轨道上被选素材当前位置的关键帧。

（11）跳到前一个关键帧按钮。将时间线指针定位在被选素材轨道上的上一个关键帧上。

（12）音频静音开关按钮。去掉小喇叭则会使这条音频轨道静音。

（13）音频显示方式转换按钮。对音频轨道素材的显示方式进行调整，菜单中各选项的说明如下。

- "Show Waveform"（显示波形）：显示音频轨道的声音波形。
- "Show Name Only"（仅显示名称）：在音频轨道上只显示音频的名称。

（14）关键帧与音量显示方式转场按钮，对声音的关键帧和音量显示进行设置，菜单中各选项的说明如下。

- "Show Clip Keyframes"（显示素材关键帧）：在轨道中显示素材关键帧，并可以设置关键帧的模式："Bypass"（旁通）或"Levels"（级别）模式。
- "Show Clip Volume"（显示素材音量）：**在轨道中显示素材音频的音量，并可以调节关键帧。**
- "Show Track Keyframes"（显示轨道关键帧）：对音频轨道设置关键帧。
- "Show Track Volume"（显示轨道音量）：对轨道的音量进行调节。
- "Hide Keyframes"（隐藏关键帧）：隐藏轨道关键帧和音量。

在Premiere Pro CS6中默认显示三条视频轨道和三条音频轨道，同时也可以便于增加或删除视频轨道和音频轨道。选择"Sequence" >"Add Tracks"（添加轨道）命令，弹出"Add Tracks"（添加轨道）对话框，如图2—22所示，可增加视频轨道和音频轨道。

图2—22　添加轨道设置对话框

选择"Sequence">"Delete Tracks"（删除轨道）命令，弹出"Delete Tracks"（删除轨道）对话框，如图2－23所示，可删除视频轨道和音频轨道。

图2－23　删除轨道设置对话框

技巧

　　视频音频轨道的显示尺寸可以灵活调整，将鼠标指针移至"Sequence"窗口左边的轨道名称之间，鼠标指针会变为上下箭头形状，上下拖动鼠标可以调节轨道的高度。

技巧

　　在"Sequence"窗口左下角的 ▭▭▭▭▭▭ 滑块上，拖动滑块的两端可以放大、缩小时间显示单位，往右滑动可缩小时间显示单位，往左滑动可放大时间显示单位。

4．"Audio Mixer"窗口

　　"Audio Mixer"（调音台）窗口可以有效地调节影片的音频，可以实时混合各轨道的音频对象。用户可以在"Audio Mixer"窗口中选择相应的音频控制器进行调节，控制"Sequence"窗口中对应轨道的音频对象，"Audio Mixer"的操作方法会在后面章节详细讲述。

5．"Tools"面板

　　"Tools"（工具）面板中包含调节"Sequence"窗口中素材剪辑片段和动画关键帧的工具，如图2－24所示。

图2－24　工具面板

单击并拖动工具面板左侧的▨▨▨按钮，可以将工具面板中的各个工具的排列方式自由地改变为纵向排列或横向排列。

各个工具的说明如下。

（1）▶ "Selection Tool"（选取工具）：选择、移动、调节对象关键帧和淡化线，为素材片段设置入点和出点等。

（2）▥ "Track Select Tool"（轨道选取工具）：选择轨道上的所有素材片段。

（3）▦ "Ripple Edit Tool"（波纹编辑工具）：拖动素材片段的出点可以改变素材片段的长度，而相邻素材片段的长度不变，影片的总时长改变。

（4）▦ "Rolling Edit Tool"（滚动编辑工具）：在需要剪辑的素材片段边缘拖动，增加到该片段的帧数会从相邻的片段中减少。

（5）▦ "Rate Stretch Tool"（速率伸缩工具）：对素材片段进行相应的速度调整，以改变素材片段的长度。

（6）▧ "Razor Tool"（剃刀工具）：用于分割素材片段。选择剃刀工具单击素材片段，会将对象分为两段，产生新的入点与出点。

（7）▦ "Slip Tool"（错落编辑工具）：改变一段素材片段的入点与出点，保持其总长度不变，并且不影响相邻的其他素材片段。

（8）▦ "Slide Tool"（滑动编辑工具）：总长度不变，选择移动的素材片段的长度不变，但会影响相邻素材片段的出入点和长度。

（9）▧ "Pen Tool"（钢笔工具）：框选、移动和添加动画关键帧，并且可以调整轨道上素材画面的不透明度。

（10）▧ "Hand Tool"（手形把握工具）：左右平移时间线。

（11）▧ "Zoom Tool"（缩放工具）：放大和缩小时间显示单位。

6．"History"窗口与"Info"面板

"History"（历史）窗口记录用户的操作步骤。在"History"（历史）窗口中单击需要返回的操作步骤，随时恢复到前面若干步的操作，如图2-25所示。

图2-25 软件操作步骤记录在"History"窗口中

在进行编辑工作过程中，快捷键"Ctrl+Z"可以恢复为历史调板中当前动作的上一步；快捷键"Ctrl+Shift+Z"可以恢复为历史调板中当前动作的下一步；可以选择并删除历史调板中的某个动作，并且其后的动作也将一并被删除；不可以选择并删除历史调板中任意几个不相邻的动作。

在"Info"（信息）面板中可以显示素材文件等编辑元素的相关信息，信息根据用户所做

不同的选择而有所变化。

7. "Effects"窗口与"Effect Controls"窗口

Premiere Pro CS6的视频、音频转场特效以及预设都存放在"Effects"(特效)窗口中，"Effect Controls"(特效控制)窗口用于对素材所添加的各种特效进行相应的控制与调整。

（1）"Effects"窗口

选择"Windows" > "Effects"命令，调出"Effects"窗口，如图2－26所示。单击"Effects"窗口下方的█按钮建立新的分类夹，将常用的特效放在分类夹里，拖放到新分类夹里的特效依然保留在原来的分类夹中。单击█按钮，可以删除自建的分类夹，但不能删除软件自带的分类夹。在这个窗口中，可以通过输入全部或部分效果名称，对特效进行查找。

图2－26　特效窗口

（2）"Effect Controls"窗口

选择"Windows" > "Effect Controls"命令，调出"Effect Controls"窗口，用于控制对象的"Motion"(运动)、"Opacity"(不透明度)、"Time Remapping"(时间重置)、"Volume"(音量)以及转场和特效等设置，如图2－27所示。

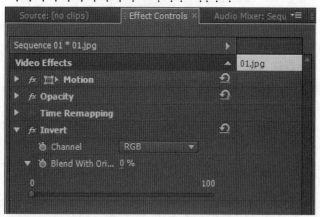

图2－27　特效控制窗口

2.3　Premiere Pro CS6首选项设置

"Preferences"(首选项)面板用于设置Premiere Pro CS6的外观和其他的一些功能偏好，

用户可以根据自己的需要和习惯，在开始工作之前进行参数设置。

"Preferences"面板中包含十几个设置选项，根据工作流程中的环节属性进行分类，其中最常用的有"General"（常规）、"Auto Save"（自动保存）、"Media"（媒体）、"Memory"（内存）等几个部分。

1."General"

"General"（常规）选项用于设置通用的项目参数，如图2－28所示。

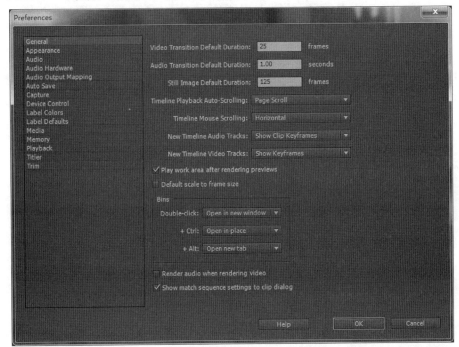

图2-28 常规设置页面

页面中各选项的说明如下。

- "Video Transition Default Duration"：视频转场特效默认持续时间，默认数值为25帧。
- "Audio Transition Default Duration"：音频转场特效默认持续时间，默认数值为1s。
- "Still Image Default Duration"：将导入的单张静态图像导入到时间线内默认持续时间，默认为125帧。
- "Timeline Playback Auto-Scrolling"：设置时间线播放自动滚屏的模式。
- "New Timeline Audio Tracks"：设置新建时间线音频轨道时的显示风格。
- "New Timeline Video Tracks"：设置新建时间线视频轨道时的显示风格。
- "Play work area after rendering previews"：在渲染预览后播放工作区，默认为勾选。
- "Default scale to frame size"：将导入的素材自动适配为当前项目画面尺寸，默认为不勾选。
- "Render audio when rendering video"：在渲染视频时也渲染音频，默认为不勾选。

制作电子相册时，修改"Still Image Default Duration"（静帧图像默认持续时间）的数值，可以控制相册内每张图片的持续播放时间。

2．"Auto Save"

"Auto Save"（自动保存）选项用于设置项目文件自动保存的时间和数量，如图2-29所示。

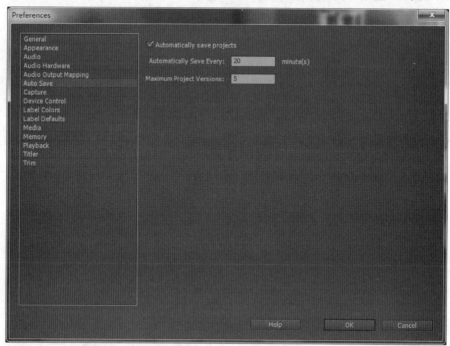

图2-29　自动保存设置页面

页面中各选项的说明如下。

- "Automatically save projects"（自动保存项目文件）：勾选此选项之后，Premiere Pro CS6软件每隔一段时间就会自动保存项目文件一次。

- "Automatically Save Every"（自动保存间隔时间）：此选项可以设置自动保存的间隔时间，默认为20min。

- "Maximum Project Versions"（最大项目文件数量）：此选项可以设置自动保存的最大文件数量，默认数值为5个。

"Auto Save"自动保存选项默认是开启的，每隔20 min会自动保存项目文件，这可以最大限度地保护工作项目的进度，建议不要关闭此功能。

3．"Media"

"Media"（媒体）选项用于设置"Media Cache Files"（媒体缓存文件）和"Media Cache Database"（媒体缓存库）以及其他媒体选项的参数，如图2-30所示。

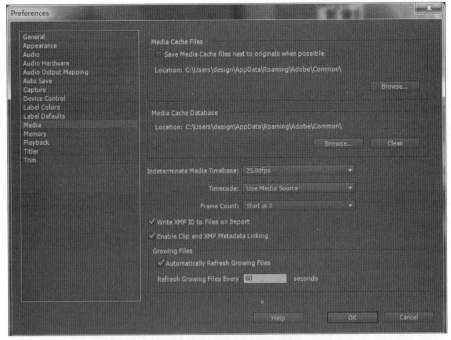

图2-30 媒体设置页面

4．"Memory"

"Memory"（内存）选项用于设置系统的内存分配方案，如图2-31所示。

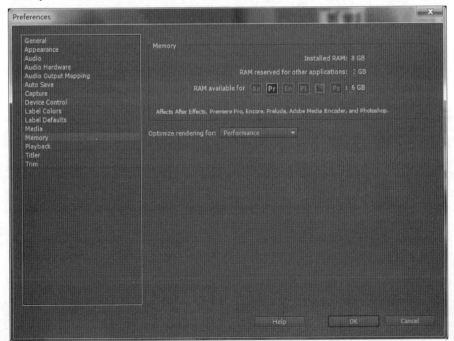

图2-31 内存设置页面

页面中显示系统总的内存数量和其他程序预留内存数量（单位GB），用户可以调整其他程序预留内存的数量来设置Premiere Pro CS6软件的可用内存数量。"Optimize rendering

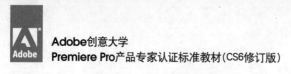
for"（渲染优化）参数用于调整软件渲染时的侧重点或者侧重"Performance"（性能）和"Memory"（可用内存数量），可根据不同的系统环境进行调整。

2.4 本章习题

选择题

1. Premiere Pro CS6中工作界面布局类型有_____（多选）

    A．Audio   B．Color Correction

    C．Editing   D．Effects

2. Premiere Pro CS6默认的工作界面布局是_____（单选）

    A．Audio   B．Color Correction

    C．Editing   D．Effects

3. 在Premiere Pro CS6中，下列说法正确的是_____（多选）

    A．一个项目的帧速率、尺寸、像素比例和场顺序可以随时修改

    B．"Adjustment Layer"本身是不透明的

    C．"Paste Attributes"功能可以将素材的效果、透明度设置等属性传递给其他素材

    D．Premiere Pro CS6可以自定义键盘快捷键

第3章
素材的创建和管理

使用Premiere Pro CS6进行影视剪辑工作的前提是要有丰富的视频和音频素材，这些素材是构成剪辑的基本元素。对素材进行有序的管理是做好剪辑工作的前提，本章讲述素材采集与录音、素材的导入和素材的创建与管理三大部分。

学习目标

➡ 了解素材采集所需要的硬件设备
➡ 掌握视频采集的方法
➡ 掌握素材创建和管理方法

3.1 素材采集与录音

　　素材的来源渠道包括各种摄像设备拍摄、计算机软件制作和网络下载。如果素材已经存储在计算机中，那么只需要简单地导入操作即可，而各种摄像设备拍摄到的素材则需要进行采集才能够输入到计算机硬盘中，这需要具备一定的硬件设备条件，并符合相关技术要求。

3.1.1 采集的硬件需求

　　一般情况下，采集模拟信号视频需要加装专用采集卡，而采集数字信号则只需计算机上有IEEE1394（也称为火线）接口即可。**采集出来的视频质量是否足够好，很大程度上取决于采集卡的质量和计算机的硬件配置**。原始信号的质量、采集设备的质量及采集参数的设置这三大要素决定了最后得到的视频的质量，其中视频采集卡、计算机CPU和内存等硬件的作用最为突出。

1．视频采集卡

　　视频采集卡（Video Capture Card）也称为视频卡，如图3-1所示，可以将模拟摄像机、录像机、LD视盘机以及电视机视频信号等输出的视频数据或者视频音频的混合数据输入计算机，并转换成计算机可辨别的数字数据存储在计算机中，成为可编辑处理的视频文件。

图3-1　品尼高Avid Liquid Pro专业视频采集/编辑卡

　　视频采集卡是进行视频处理必不可少的硬件设备，它可以把摄像机拍摄的视频信号从录像带上转存到计算机中，利用Premiere等视频编辑软件，对数字化的视频信号进行后期编辑处理，如剪切画面、添加特效、字幕和音效、设置转场效果以及加入各种视频特效等，最后将编辑完成的视频信号转换成标准的VCD、DVD以及网上流媒体等格式，便于传播。

2．计算机硬件设备

　　计算机的处理器运行速度越快，视频的采集操作越流畅。目前来看，能够安装Premiere Pro CS6的计算机的CPU（中央处理器）处理能力一般可以满足捕捉一般视频的要求。

　　计算机的内存越大，进行多任务操作时越流畅，可以保证视频采集过程的流畅性。Premiere Pro CS6需要64位系统支持，建议使用64位Windows 7系统（见图3-2），4GB以上的内存可以保证软件操作的流畅性。

图3—2 安装64位Windows 7操作系统

注意

在进行采集任务时,应将采集到的文件存储在NTFS格式的硬盘分区中。FAT32格式的硬盘分区无法存储大于4GB(相当于时间长度为18min的DV格式素材)的单个素材文件,可能会导致采集任务意外中断。

3.1.2 采集的操作流程

在安装了合适的采集硬件,准备好外部视频素材的输出设置,并将这两部分正确地连接起来后,就可以通过Premiere Pro CS6进行视频素材的采集了。

视频采集过程如下。

(1)按照厂商的要求在计算机中安装视频采集硬件,包括IEEE1394(火线)接口卡和视频采集卡。

(2)打开视频输入设备,并与计算机正确连接:DV摄像机连接至计算机的IEEE1394接口(火线接口),模拟摄像机连接至计算机的S端视频接口(模拟摄像机的音频接线要连接左右两个声道接口),如图3-3所示。

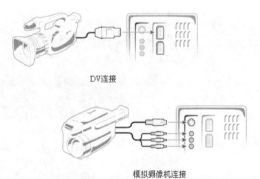

图3—3 视频输入设备与计算机的连接方式

(3)保留足够大的计算机硬盘空间,以免采集过程因为硬盘空间不足而中断。

(4)启动Premiere Pro CS6软件,在欢迎界面中单击"New Project"(新建项目)按钮,输入新项目的名称,在"Location"(存储位置)选项中选择一个目录存放项目文件和采集到的文件(这个目录需要存放在拥有足够空间的硬盘上),单击"Open"(打开)按钮创建一个新的项目文件。

（5）在接下来弹出的"New Sequence"（新建序列）对话框中包含了很多常用的标准设置，如DV-PAL、DV-NTSC、HDV等，选择适合输入设备参数的预设，如选择常用的"DV-PAL"＞"Standard 48kHz"命令，如图3－4所示。

图3－4　新建序列的标准选择

（6）选择"File"（文件）＞"Capture"（采集）命令，打开视频采集窗口，如图3－5所示。

图3－5　"Capture"视频采集窗口

（7）窗口中最大的区域是视频预览窗口，在对话框右侧有两个选项卡"Logging"（记录）和"Settings"（设置）。"Logging"选项卡有多个选项，如"Tape Name"（磁带名称）、"Clip Name"（素材名称）、"Description"（描述）、"Scene"（场景）、"Shot/Take"（拍摄记录）、"Log Note"（记录注释）、"Timecode"（时间码）、"Capture"（采集）。

（8）切换到"Settings"选项卡进行设置，"Capture Settings"（采集设置）选项用于调整采集设备的类型；"Capture Location"（采集位置）选项用于设置视频的存放位置；"Device Control"（设备控制）选项用于调整采集设备的格式参数。

（9）在对当前采集的视频素材进行一些内容记录并设置采集的入点和出点之后，单击"Tape"（磁带）按钮采集视频。视频采集过程可以随时按"ESC"（退出）键终止。

注意

采集素材的时间长度和文件大小受采集卡的性能及其参数设置的影响，Premiere软件的时间线窗口最多可以容纳长度为24小时的视频素材。

3.1.3 "Offline File"（离线文件）

"Offline File"（离线文件）是Premiere软件提供的一种具备文件管理功能的文件类型。它相当于一个占位符，暂时代替等待采集或者丢失链接的素材文件，使软件不再频繁提示文件不存在，保证剪辑工作的顺利进行，并且可以在重新拥有素材文件时进行素材替换。

1. 设置"Offline File"

当项目中的某个素材文件被从硬盘上删除或者在硬盘上移动了存放位置后，打开这个项目时会出现查找文件窗口，如图3-6所示。

图3-6　查找文件窗口

单击窗口中的"Offline"（离线）按钮可以暂时忽略丢失的文件，素材在"Project"窗口中显示为离线图标（见图3-7），并且在"Program"窗口中显示提示画面（见图3-8）。此时原来的素材文件就变成了"Offline"离线文件。

图3-7 素材显示为离线状态　　　　图3-8 多国语言提示文件离线窗口

经验

离线文件功能可以在素材文件暂时不存在的情况下，仍然保持时间线段落结构的完整性而不影响正常的剪辑工作设置，是非常有用的功能。

2．创建"Offline File"

在剪辑节目时也可随时创建离线文件。在节目剪辑过程中，如果希望使用一个尚未采集的视频片段，可以自行创建一个离线文件，作为待采集文件的临时代替品，用来填充时间线的段落结构，在视频素材采集之后再进行替换。

创建"Offline File"的操作步骤如下。

（1）选择"File">"New">"Offline File"命令，弹出"New Offline File"（新建离线文件）对话框，如图3-9所示。

（2）在"New Offline File"对话框中设置符合当前项目参数的视频格式后，单击"OK"按钮，弹出"Offline File"（离线文件）对话框，如图3-10所示。

图3-9 "New Offline File"对话框

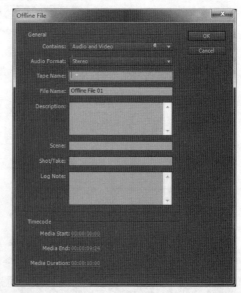

图3-10 "Offline File"对话框

"Offline File"对话框中包含多个设置选项，"Contains"（包含）选项用于选择设置新建离线文件只包含视频或者音频或者同时包含视频和音频；"Audio Format"（音频格式）选项用于选择立体声或者5.1声道环绕立体声等，其余选项与"Capture"视频采集窗口的选项相同。

（3）在"Offline File"对话框的选项中填写相关内容后，单击"OK"按钮即可创建一段离线文件。

3. 替换"Offline File"

当离线文件被找到或者采集完成后，可以在"Project"（项目）窗口中进行替换。在"Project"窗口中选择离线文件，单击鼠标右键，在弹出的菜单中选择"Link Media"（链接文件）命令，弹出链接媒体对话框，选择正确的素材文件，单击"Select"（选择）按钮就可以完成离线文件的重新链接，如图3－11所示。

图3－11　"Link Media"对话框

3.1.4 / 录音

在Premiere Pro CS6软件中，可以通过麦克风将声音录入计算机，并转化为可以编辑的数字音频，为节目进行配音。

录音的操作流程如下。

（1）将麦克风的插头插入计算机的录音接口并打开麦克风。

（2）在Premiere Pro CS6软件中切换到"Audio Mixer"窗口，如图3－12所示。

图3－12　"Audio Mixer"窗口

（3）单击窗口底部的 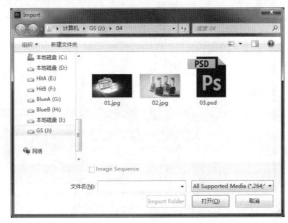"Record"（录制）按钮，再单击 "Play Stop Toggle（Space）"（播放停止切换）按钮，开始录音。

（4）录制完成之后，单击 "Play Stop Toggle（Space）"按钮暂停录制，录制完成的音频文件被保存到计算机硬盘中，并出现在"Project"窗口中和时间线对应的音频轨道上。

3.2 素材的导入

当使用Premiere Pro CS6进行视音频编辑时，不仅可以编辑通过采集获得的素材，还可以将硬盘上的各种素材文件导入到软件中进行编辑。双击"Project"窗口中的空白区域或者选择"File">"Import"（导入）命令，都可以弹出"Import"对话框，在对话框中选择需要导入的素材文件，单击"打开"按钮将素材导入到软件中，如图3-13所示。

图3-13　"Import"对话框

3.2.1 Premiere Pro CS6所支持的文件格式

Premiere Pro CS6支持导入多种格式的视频、音频、静态图像和项目文件，软件的每一次更新都会增加对很多新文件类型的支持。

1．视频和动画格式

（1）3GP/ 3G2（3G流媒体的视频编码格式）

（2）ASF（Netshow，仅Windows）

（3）AVI（DV-AVI和Microsoft AVI）

（4）DV（DV Stream，一种QuickTime格式）

（5）FLV/F4V（Flash Video）

（6）GIF（CompuServe GIF）

（7）M1V（MPEG-1 Video File）

（8）M2T（Sony HDV）

（9）M2TS（Blu-ray BDAV MPEG-2 Transport Stream和AVCHD）

（10）M4V（MPEG-4 Video File）

（11）MOV（QuickTime，在Windows中需要QuickTime Player）

（12）MP4（XDCAM EX）

（13）MPEG/MPE/MPG（MPEG-1/MPEG-2）、M2V（DVD-compliant MPEG-2）

（14）MTS（AVCHD）

（15）MXF【Media eXchange Format；P2 Movie：Panasonic Op-Atom variant of MXF, with video in DV，DVCPRO，DVCPRO 50，DVCPRO HD，AVC-Intra，XDCAM HD Movie, Sony XDCAM HD 50 (4:2:2)，Avid MXF Movie，and native Canon XF】

（16）SWF（Shockwave Flash Object）

（17）WMV（Windows Media Video，仅Windows）

（18）R3D（RED R3D Files数字电影摄像机格式）

（19）VOB（DVD光盘视频）

2．音频格式

（1）AAC（MPEG-2 Advance Audio Coding File）

（2）AC3（包括5.1环绕声）

（3）AIFF/AIF（Audio Interchange File Format）

（4）ASND（Adobe Sound Document）

（5）AVI（Audio Video Interleaved）

（6）BWF（Broadcast WAVE format）

（7）WAV（Audio Waveform）

（8）M4A（MPEG4音频标准文件）

（9）MP3（Moving Picture Experts Group Audio Layer Ⅲ）

（10）MPEG/MPG（MPEG Movie）

（11）MXF【Media eXchange Format；P2 Movie：Panasonic Op-Atom variant of MXF, with video in DV，DVCPRO，DVCPRO 50，DVCPRO HD，AVC-Intra，XDCAM HD Movie, Sony XDCAM HD 50 (4:2:2)，Avid MXF Movie】

（12）MOV（QuickTime，在Windows中需要QuickTime Player）

（13）WMA（Windows Media Audio，仅Windows）

3．图像格式

（1）AI/EPS(Adobe Illustrator和Illustrator序列)

（2）PSD（Adobe Photoshop和Photoshop序列）

（3）PICT（Macintosh Picture）

（4）PTL/PRTL（Adobe Premiere Title字幕）

（5）BMP/DIB/RLE（Bitmap和Bitmap序列）

（6）EPS（Encapsulated PostScript专用打印机描述语言）

（7）GIF（Graphics Interchange Format图像互换格式和序列）

（8）ICO（Icon File图标文件，仅Windows）

（9）JPG/JPEG/JFIF（JPEG和JPEG序列）

（10）PNG（Portable Network Graphics）

（11）PSQ（Adobe Premiere 6 Storyboard）

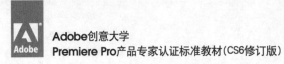
（12）TGA/ICB/VDA/VST（Targa和Targa序列）

（13）TIF/TIFF（Tagged Image File Format图像和序列）

（14）DPX

注意

Premiere Pro CS6不支持16位的TIF／TIFF格式文件，同时也不支持PS（PostScript）格式文件。

4．项目格式

（1）AAF (Advanced Authoring Format)

（2）AEP, AEPX (After Effects Project)

（3）CSV, PBL, TXT, TAB (Batch Lists)

（4）EDL (CMX3600 EDLs)

（5）PLB (Adobe Premiere 6.x Bin，仅Windows）

（6）PREL (Adobe Premiere Elements Project，仅Windows)

（7）PRPROJ (Premiere Pro Project，Mac & Windows)

（8）PSQ (Adobe Premiere 6.x Storyboard，仅Windows)

（9）XML (FCP XML)

3.2.2 媒体浏览器和"Adobe Bridge CS6"

Premiere Pro CS6工作界面左下方的"Media Browser"（媒体浏览器）窗口是一个微型的文件浏览器，在这个窗口中可以方便地进行文件浏览和分类查找，可以在编辑过程中快速找到需要调用的素材文件，然后导入到Premiere Pro CS6软件中。

选择"Windows"＞"Media Browser"命令，调出媒体浏览器窗口，面板左侧显示计算机中的硬盘分区和各种读卡器等设备，面板右侧显示素材文件，如图3－14所示。

在素材文件上单击鼠标右键弹出快捷菜单，如图3－15所示。选择"Import"命令将素材导入到Premiere Pro CS6软件中，选择"Open in Source Monitor"命令在源素材监视器窗口中查看素材，选择"Reveal In Explorer"命令在资源管理器窗口中显示素材，也可以选择素材文件直接拖动到"Project"项目窗口中。

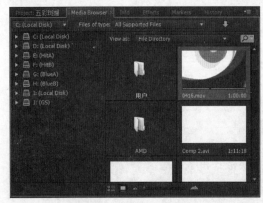
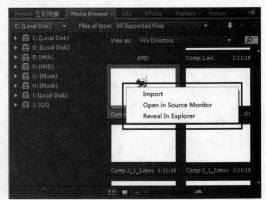

图3－14　媒体浏览器窗口　　　　　　　图3－15　文件菜单选项

使用 Adobe Creative Suite 6 附带的Bridge 软件可以组织、浏览和查找所需要的资源。

Bridge 可以轻松访问 Adobe 自带格式（如 PSD 和 PDF）以及其他格式的文件。可以根据需要将资源拖入面板、项目及合成中，还能够预览各种格式的文件，甚至添加元数据（文件信息），使文件查找更加方便，如图3－16所示。

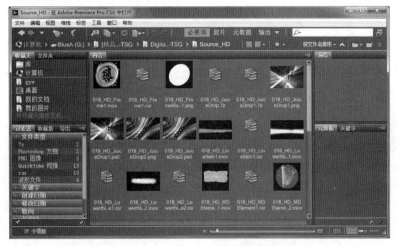

图3－16　Adobe Bridge软件界面

3.2.3 / 导入视音频和静态图片素材

视音频素材的导入方法十分简单，双击"Project"窗口的空白区域或者选择"File"＞"Import"命令，弹出"Import"（导入）对话框，如图3－17所示，选择视音频素材并导入软件中。

图3－17　"Import"对话框

静态图片素材的导入方法和视频素材的导入方法是相同的，但是在导入某些特殊格式的素材时，需要进行一些设置才能正确地识别这些图片素材所包含的内容，如Photoshop文件和Illustrator文件所包含的图层。

Premiere Pro CS6支持导入Adobe Photoshop格式的PSD文件（支持Photoshop 3.0 及其后版本的Photoshop 文件），支持RGB色彩模式（CMYK格式为印刷格式，不被支持），Photoshop文件中的透明部分在导入后转化为Alpha通道，继续保持透明。Premiere Pro CS6也支持导入Illustrator文件，并自动将Illustrator 格式的矢量文件进行栅格化处理，但在对其进行缩放的时候，会做出平滑边缘的处理，故基本不会出现马赛克。同样，导入其中的Illustrator 格式的矢量文件的空白区域自动生成Alpha 通道，以维持空白区域的完全透明。

下面以导入一个PSD文件为例，介绍导入分层文件的参数设置。

（1）在"Project"窗口中的空白区域双击鼠标，弹出"Import"对话框，选择"素材\第3章\PSD素材.psd"，单击"打开"按钮，弹出"Import Layered File"（导入带层文件）对话框，如图3－18所示。

（2）在"Import Layered File"对话框中预览PSD文件的各个图层，在"Import As"（导入为）选项下拉菜单中选择不同的导入选项，如图3－19所示。

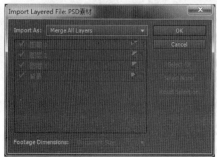
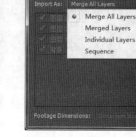

图3－18　"Import Layered File"对话框　　　　图3－19　"Import"（导入为）选项下拉菜单

"Import"（导入为）选项下拉菜单各选项说明如下。

● "Merge All Layers"（合并所有图层）：合并PSD文件内包含的所有图层。

● "Merged Layers"（合并制定图层）：选择需要合并的图层。

● "Individual Layers"（单个图层）：选择单个图层并导入。

● "Sequence"（序列）：以序列的方式导入分层的Photoshop 文件，在"Project"窗口中生成一个文件夹存储这些序列文件，并可以对其中的任意层单独设置动画。

3.2.4 / 导入图片序列

图片序列是按照一定的规则顺序排列的图片组合，用来记录活动的影像，每一幅图片代表一帧。通常可以在其他软件中生成图片序列，如3ds Max、Maya、After Effects、Nuke等软件。序列图片以数字序号为序进行排列，如图3－20所示。

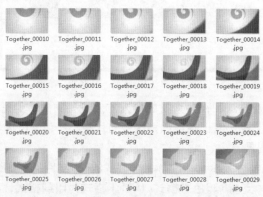

图3－20　图片序列

在Premiere Pro CS6软件中导入图片序列素材后，会将图片序列自动合成为一段视频素材，在软件中可以设置图片序列的帧速率。

导入图片序列的操作方法如下。

（1）在"Project"窗口中的空白区域双击鼠标，弹出"Import"对话框，找到图片序列文件所在的目录，如图3—21所示。

（2）在"Import"对话框中选中图片序列的第一张图片，选中对话框中下方的"Image Sequence"（序列图像）复选框，单击"打开"按钮将图片序列导入软件中，如图3—22所示。

图3—21　图片序列所在目录　　　　　　图3—22　勾选"Image Sequence"复选框

3.2.5 / 导入项目文件

Premiere Pro CS6可以导入另一个由Premiere软件生成的项目文件，包括相同Premiere版本或者早期Premiere版本。导入项目文件也称为项目嵌套，这种方法可以将多个Premiere项目文件进行合并处理，合并的过程可以保留并转移项目文件中所包含的序列和素材及它们所有的信息。当进行比较复杂的编辑工作时，可以分开编辑项目中的每一个子项目，最后进行项目嵌套，提高工作效率。

导入项目文件的基本操作方法与导入其他素材的方法类似，在过程中需要进行一些特殊的设置，操作流程如下。

（1）在"Project"窗口的空白区域双击鼠标，弹出"Import"对话框，在对话框中选中项目文件，如图3—23所示。

图3—23　选中将要导入的项目文件

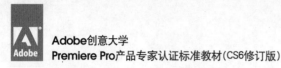

（2）单击"打开"按钮确认项目文件的输入，弹出"Import Project"（导入项目）对话框，如图3－24所示。选择"Import Entire Project"（导入整个项目）选项会将整个项目中所包含的所有元素全部导入到现在的项目中，选择"Import Selected Sequences"（导入选择的序列）选项则会弹出"Import Premiere Pro Sequence"（导入Premiere Pro序列）对话框以供选择序列，如图3－25所示。

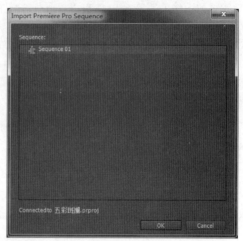

图3－24　"Import Project"对话框　　　　图3－25　"Import Premiere Pro Sequence"对话框

（3）在"Import Project"对话框中按照需要选择第一项或者第二项之后，单击"OK"按钮将项目文件导入现在的项目中，并显示在"Project"窗口中，如图3－26所示。

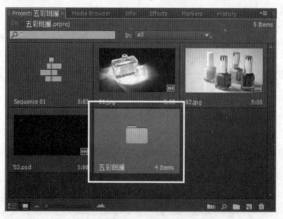

图3－26　导入后的项目文件显示在项目窗口中

经验

　　Premiere Pro CS6只可以导入Premiere 6.0 或其后版本的Premiere项目文件，导入项目文件是将一个项目中的序列和片段信息完整地转换到另一个项目中的唯一方法，可以在同一个项目文件中多次导入同一个项目文件。

3.2.6　Adobe Dynamic Link

　　Adobe Dynamic Link（Adobe 动态链接）功能支持新建或者导入After Effects项目文件中的

合成组作为素材，实现后期特效与剪辑流程一体化操作。

　　Adobe Dynamic Link功能省去了在After Effects软件中进行渲染输出的时间，导入Premiere软件中的After Effects合成组会显示为一段视频素材，使用起来跟其他的素材是一样的。当After Effects项目文件发生改变时会实时反映在Premiere软件中，不需要进行重复渲染等操作。

1．在Premiere软件中新建After Effects合成组

　　（1）选择"File" > "Adobe Dynamic Link" > "New After Effects Composition"（新建After Effects合成组）命令，弹出"New After Effects Comp"对话框，将参数设置为符合当前项目参数的数值（如高清720p格式），如图3－27所示。

　　（2）在"New After Effects Comp"对话框中单击"OK"按钮，启动After Effects软件，并在After Effects软件中弹出"Save As"（另存为）对话框，输入项目名称，单击"保存"按钮确认，如图3－28所示。

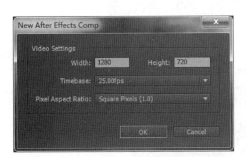

图3－27　新建After Effects合成组对话框　　　　图3－28　"Save As"对话框

　　（3）在"Save As"对话框中单击"保存"按钮后，After Effects项目得到保存，并自动出现在Premiere软件的"Project"窗口中，如图3－29所示。

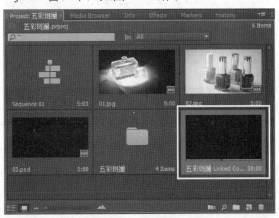

图3－29　新建的After Effects合成组显示在项目窗口中

2．在Premiere软件中导入After Effects合成组

　　（1）选择"File" > "Adobe Dynamic Link" > "Import After Effects Composition"（导入After Effects合成组）命令，弹出"Import After Effects Composition"对话框，如图3－30所示。

图3—30　导入After Effects合成组对话框

（2）在"Import After Effects Composition"对话框中选择After Effects合成组，单击"OK"按钮确认导入，合成组显示在Premiere软件的"Project"窗口中，如图3—31所示。

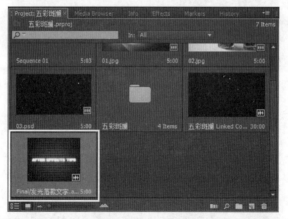

图3—31　导入完成的After Effects合成组显示在项目窗口中

3.2.7 / 创建新素材

在Premiere Pro CS6中可以自行创建字幕、彩条、黑场和倒计时等常用编辑元素。这些元素在创建时需要对它们的参数进行设置，如倒计时片头中的画面尺寸、帧速率、像素比、音频采样等。

1．"Bars and Tone"

通常在电视节目的制作过程中，为了校准视频监视器和音频设备，会在节目内容正式播放前加上几秒钟的彩条图案和测试音，如图3—32所示。

选择"File" > "New" > "Bars and Tone"（彩条与音频）命令，弹出"New Bars and

Tone"（新建彩条与声调）对话框，设置符合项目参数的数值，如图3－33所示的高清720p格式，单击"OK"按钮创建一段带有测试音的彩条文件。

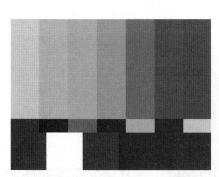 

图3－32　显示器校准彩条图案　　　　图3－33　"New Bars and Tone"对话框

2．"Black Video"

在节目编辑过程中，可以创建一段"Black Video"（黑场）图片素材来作为黑色背景使用。黑场素材默认持续时间为5s，可以自由更改持续时间。

选择"File">"New">"Black Video"命令，弹出"New Black Video"（新建黑场）对话框，设置符合项目参数的数值，如图3－34所示的高清720p格式，单击"OK"按钮创建黑场素材文件。

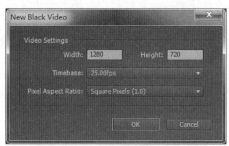

图3－34　"New Black Video"对话框

3．"Color Matte"

"Color Matte"（彩色蒙版）的形态和作用与"Black Video"（黑场）类似，其背景可以是黑色以外的各种颜色。

（1）选择"File">"New">"Color Matte"命令，弹出"New Color Matte"（新建彩色蒙版）对话框，设置符合项目参数的数值，如图3－35所示的高清720p格式。

图3－35　"New Color Matte"对话框

（2）在"New Color Matte"对话框中单击"OK"按钮，弹出"Color Picker"（颜色拾取）对话框，如图3－36所示。

（3）在"Color Picker"（颜色拾取）对话框中选择合适的颜色，单击"OK"按钮，弹出"Choose Name"（选择名称）对话框，输入蒙版名称，如图3－37所示，单击"OK"按钮创建一个彩色蒙版。

图3－36　"Color Picker"对话框　　　　图3－37　"Choose Name"对话框

4．"Universal Counting Leader"

倒计时片头可以在影片内容播放前起到校验视音频同步和提示正片的作用，在影视创作中的应用是十分广泛的，在Premiere Pro CS6中可以轻松创建通用倒计时片头，如图3－38所示。

图3－38　通用倒计时片头

5．"Transparent Video"

利用透明视频可以对空白的视频轨道添加效果，选择"File"＞"New"＞"Transparent Video"命令（透明视频），弹出"New Transparent Video"（新建透明视频）对话框，设置符合项目参数的数值，如图3－39所示高清720p格式，单击"OK"按钮得到一段透明视频。

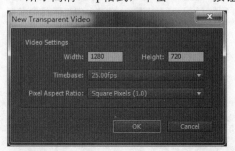

图3－39　"New Transparent Video"对话框

3.2.8 实战案例——倒计时片头

> 熟悉Premiere Pro CS6新建素材的方法，掌握使用Premiere Pro CS6软件制作倒计时片头的方法

> 视频制式的选择
> 倒计时片头参数的设置

本案例将使用Adobe Premiere Pro CS6的创建新素材的功能，制作一个一般用来放在影视作品开始的倒计时片头，效果如图3-40所示。

图3-40　风景相册

1．新建工作项目

01 单击计算机桌面左下角"开始"按钮，在Windows程序列表中找到Premiere Pro CS6并打开。

02 在"Welcome to Adobe Premiere Pro"（欢迎使用Premiere Pro）界面中，单击"New Project"（新建项目）按钮新建一个工作项目，如图3-41所示。

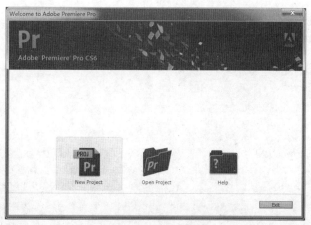

图3-41　新建工作项目

03 在接下来弹出的"New Project"面板中设置项目文件的存储路径以及名称，单击"OK"按钮确认设置，如图3-42所示。

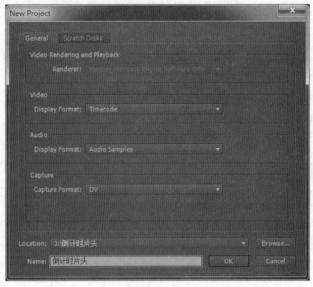

图3—42　设置项目文件的存储路径以及名称

04 在接下来弹出的"New Sequence"（新建序列）面板中选择"HDV 720p25"选项，单击"OK"按钮确认设置，如图3—43所示。

图3—43　选择项目制式

2. 创建倒计时片头

01 选择"File"（文件）>"New"（新建）>"Universal Counting Leader"（通用倒计

时片头）命令，如图3—44所示。

图3—44　新建通用倒计时片头命令

02 接下来弹出"New Universal Counting Leader"（新建通用倒计时片头）面板，如图3—45所示，保持默认参数，单击"OK"按钮确认。

图3—45　片头制式参数设置

3．调整倒计时片头参数设置

01 接下来弹出"Universal Counting Leader Setup"（通用倒计时片头设置面板），如图3—46所示，所有的参数都可以调整。

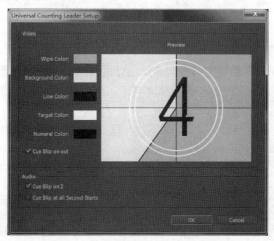

图3—46　通用倒计时片头设置面板

02 单击"Numeral Color"（数字颜色）右侧的黑色色块，弹出"Color Picker"（颜色拾取器）面板，将颜色数值设置为"R150，G0，B0"，如图3—47所示，单击"OK"按钮两次确认设置，这样倒计时数字就设置为了红色。

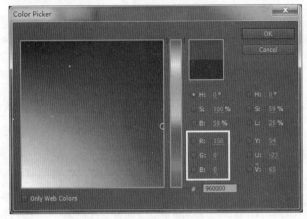

图3-47　修改倒计时数字颜色

03 此时设置完毕的倒计时片头会作为一段素材显示在"Project"（项目）窗口中，如图3-48所示。

图3-48　倒计时片头文件显示在项目窗口中

04 将倒计时片头拖放到序列窗口中的"Video 1"视频轨道上，如图3-49所示。

05 此时在"Program"监视窗口中会显示倒计时片头的第一帧画面，如图3-50所示。

图3-49　将"Video 1"拖到视频轨道上

图3-50　倒计时片头效果

06 按"Enter"键，渲染整个序列，渲染完成后自动播放倒计时片头效果，如图3-51所示。

图3-51　倒计时片头动画播放效果

3.3 素材的管理

在采集或者导入各种素材之后，素材会出现在"Project"项目窗口中，项目窗口中会非常详细地列出每一段素材的信息，便于用户对素材进行查看和分类，并根据实际需要对这些素材进行管理，以便进行编辑工作。

3.3.1 ／自定义项目窗口

"Project"窗口提供了两种素材显示模式，一种为默认的图标视图，另一种为列表视图。图标视图显示素材中的一帧画面和音频波形曲线，而列表视图显示每个素材的具体信息。用户可以根据实际需求对项目面板的显示模式进行切换和设置。

单击项目窗口底部的■按钮，素材以图标方式显示，如图3-52所示；单击项目窗口底部的■按钮，素材则以列表方式显示，如图3-53所示。

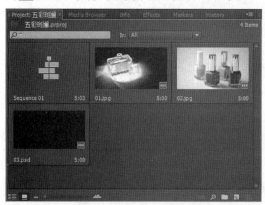

图3-52　图标方式显示

图3-53　列表方式显示

在"Project"窗口左上角的顶部文字处单击鼠标右键，弹出快捷菜单，选择"View"＞"List"（列表）或者"Icon"（图标）命令，在列表视图和图标视图之间进行切换，如图3-54所示。

在"Project"窗口左上角的顶部文字处单击鼠标右键，弹出快捷菜单，选择"Metadata Display"（元数据显示）命令，弹出"Metadata Display"面板，在其中可以选择需要显示的属性，如图3-55所示。完成后单击"OK"按钮，被选择的属性就会自动出现在"Project"窗口中。

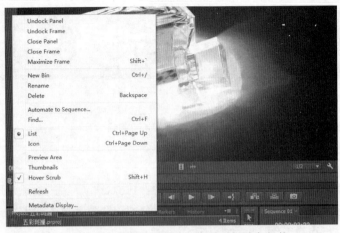

图3-54 在列表视图和图标视图之间进行切换

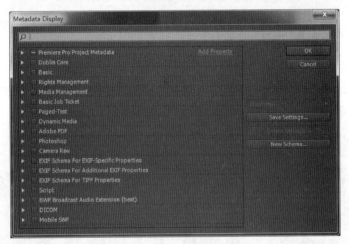

图3-55 元数据显示面板

> **注意**
>
> 当项目窗口显示为列表模式时，可以在项目窗口的上方显示一个素材缩略图预览窗口，可以预览被选择的素材中的画面内容，并在这个预览窗口的右边显示素材的信息，在"Project"窗口左上角的顶部文字处单击鼠标右键，弹出快捷菜单，选择"View">"Preview Area"（预览区域）命令，可以选择是否打开此预览窗口。

3.3.2 素材管理的基本方法

当素材被采集或者导入到Premiere Pro CS6中之后，其名称以及一些信息会显示在"Project"窗口中，方便用户进行查看和分类，用户可以根据自己的实际需求对这些素材进行管理，下面介绍素材管理的基本方法。

1. 基本操作

选择"Edit">"Cut"、"Copy"、"Paste"或者"Clear"命令，可以对当前选中的素

材对象进行剪切、复制、粘贴以及清除操作，所对应的快捷键分别是"Ctrl + X"、"Ctrl + C"、"Ctrl + V"和"Backspace"。单击素材的名称可以修改名称，如图3-56所示，选择素材文件并单击窗口底部的 🗑 按钮可以将其从列表中删除。

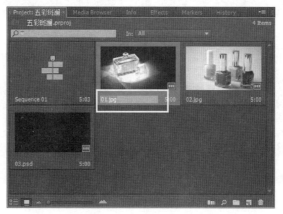

图3-56　在"Project"窗口中修改素材名称

2. 建立素材分类文件夹

在"Project"窗口中可以自行创建文件夹，整理分类面板中的内容，文件夹中可以包含源文件、序列和其他的一些子文件，如图3-57所示。

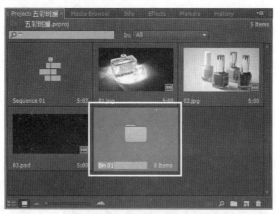

图3-57　分类存放素材

> **经验**
>
> 用户自行创建的文件夹可以用来分类存储离线文件或者用于批量采集视频，可以存储每个序列及序列的源文件，还可以存储视频、音频和图片，几乎所有能够出现在"Project"窗口中的文件都可以用文件夹进行归类整理。

单击"Project"窗口底部的 按钮或者选择"File" > "New" > "Bin"命令，可以创建一个文件夹，选中此文件夹按"Enter"键可以自定义文件夹名称。创建文件夹之后，可以将"Project"窗口中的素材文件拖入文件夹中，也可以将文件夹拖入文件夹中，实现文件夹嵌套，在文件夹图标的右下角会显示此文件夹中的素材的数量，如图3-58所示。

在"Project"窗口中选择文件夹，按住"Alt"键，双击文件夹，可以在新的面板中单独打开这个文件夹，如图3—59所示。

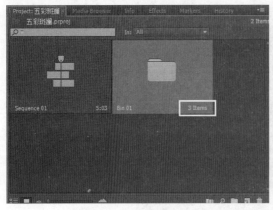 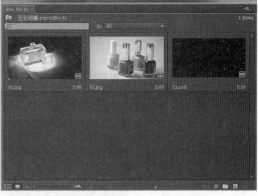

图3—58   文件夹嵌套　　　　　　　　　　　图3—59   单独打开文件夹

3．标签分类

当"Project"窗口显示模式为列表模式时，每个素材文件后面都带有一个方形彩色标签，这个标签的颜色可以自行更改。通过对标签颜色的修改组合，可以对素材文件进行分类管理。

（1）在"Project"窗口中选择属性类似的素材文件，选择"Edit"＞"Label"（标签）命令，选择其中的一个颜色，可以为选中的素材文件标签进行统一染色，如图3—60所示。

图3—60   素材标签统一染色

（2）当"Project"窗口中的素材文件标签被归类染色之后，可以通过选择"Edit"＞"Label"＞"Select Label Group"（选择标签分组），同时选中染有相同颜色标签的素材。

3.3.3 / 定义素材

使用Premiere Pro CS6进行编辑工作时，不是所有的素材都一定符合当前项目的设置标准，这些不符合标准的素材会给编辑工作带来一定的困扰，因此要对这些素材的标准进行统一化处理。

在"Project"窗口中，使用鼠标右键单击素材弹出快捷菜单，选择"Modify"＞"Interpret Footage"（定义素材）命令，弹出"Modify Clip"面板，如图3—61所示。

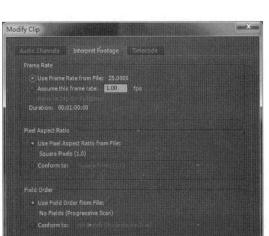

图3—61   "Modify Clip"面板

面板中各选项的说明如下。

● "Frame Rate"（帧速率）：设置素材影片的帧速率，包括"Use Frame Rate from File"（使用文件的原始帧速率）和"Assume this frame rate"（自定义帧速率）选项。自定义帧速率可以改变文件的播放速度（素材持续时间）。

● "Pixel Aspect Ratio"（像素比）：设置素材文件的像素比，"Use Pixel Aspect Ratio from File"（使用文件原有像素比）一项可以保持文件原有像素比不变，"Conform to"（符合为）一项可以自定义素材文件的像素比。

● "Field Order"（场序）：设置素材文件的场顺序，"Use Field Order from File"（使用文件原有场序）一项可以保持文件原有场序不变，"Conform to"（符合为）一项可以自定义素材文件的场序，以适应项目编辑的需求。

● "Alpha Channel"（Alpha透明通道）：选中"Ignore Alpha Channel"（忽略Alpha通道）可以忽略素材中自带的透明通道，选中"Invert Alpha Channel"（翻转Alpha通道）可以反转Alpha通道。

注意

"Field Order"（场序）参数可以设置素材文件的场顺序，但不能清除素材文件的场顺序。

经验

Premiere Pro CS6无法对音频文件进行"Interpret Footage"操作。在After Effects CS6中，则可以通过解释素材的菜单命令设置音频素材的循环次数。

3.3.4　项目打包

Premiere Pro CS6提供了便捷的项目打包工具，可以将编辑完成的项目文件以及素材文件进行打包整理，生成单独的文件夹，有效地避免素材链接丢失问题，便于分类存储与传递。

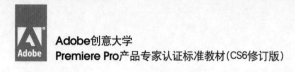

选择"Project">"Project Manager"（项目管理器）命令，弹出"Project Manager"对话框，如图3-62所示。

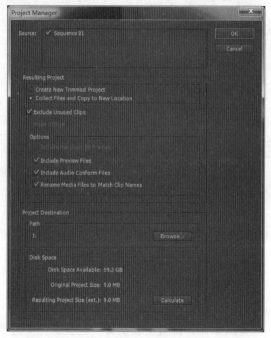

图3-62 项目管理器对话框

对话框中各个选项的说明如下。

● "Create New Trimmed Project"（新建修正项目）：为当前项目创建新版本，并对源素材进行剪辑，使其仅包含序列中使用的素材部分。

● "Collect Files and Copy to New Location"（收集文件并复制到新位置）：将项目中所用到的素材进行复制并整合到一起，并为不同的打包方式设置支持的选项。

● "Exclude Unused Clips"（排除未使用素材）：项目中没有使用到的素材将不会被收集打包。

● "Make Offline"（造成离线）：将所有文件显示为离线文件，方便以后的采集替换。

● "Include Handles"（包含控制信息）：设置剪辑之后的素材入点之前和出点之后保留的额外帧数的数量。

● "Include Preview Files"（包含预览文件）：将项目编辑过程中生成的预览文件一并打包，使原有项目中渲染过的部分依然处于渲染完成状态。

● "Include Audio Conform Files"（包含音频匹配文件）：有的视频素材中包含的音频部分并不标准，在这些素材导入到Premiere Pro CS6中后，软件会为这些音频生成匹配过的标准文件，并存储于临时文件夹中，将这些匹配文件一并打包处理可以在下次打开项目文件时不再进行音频匹配操作，节省工作时间。

● "Rename Media Files to Match Clip Names"（重命名媒体文件以匹配素材名）：将复制的素材文件重命名为类似采集素材片段的标准名称。

选项设置完成后，在"Path"（路径）一栏单击"Browse"（浏览）按钮设置项目打包的存储位置，在"Disk Space"（软盘空间）一栏中显示目标软盘的可用空间、项目原始尺寸和打包后的项目尺寸，单击"Calculate"（计算）按钮更新打包后的项目尺寸。所有选项都设置完成后，单击"OK"按钮，将项目文件打包。

3.4 综合案例——香港之夜

> 熟悉Premiere Pro CS6导入素材的方法，掌握使用Premiere Pro CS6软件制作电子相册的方法

> 批量导入单张静态图片素材
> 设置图片素材持续播放时间

本案例将美丽的香港夜景图片制作成一部电子相册。通过批量导入单张静态图片素材，调整图片素材持续播放时间，最后输出为视频格式的电子相册，效果如图3－63所示。

图3－63　香港之夜风景相册

1. 新建工作项目

01 单击计算机桌面左下角"开始"按钮，在Windows程序列表中找到Adobe Premiere Pro CS6并打开。

02 在"Welcome to Adobe Premiere Pro"（欢迎使用Premiere Pro）界面中，单击"New Project"（新建项目）按钮新建一个工作项目，如图3－64所示。

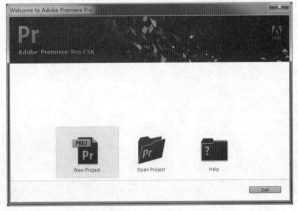

图3－64　新建工作项目

63

03 在接下来弹出的"New Project"面板中设置项目文件的存储路径以及名称,单击"OK"按钮确认设置,如图3-65所示。

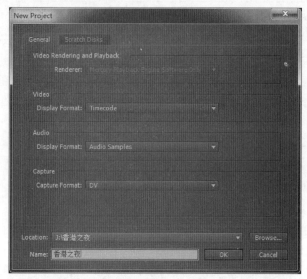

图3-65 设置项目文件的存储路径以及名称

04 在接下来弹出的"New Sequence"(新建序列)面板中选择"HDV 720p25"高清制式,单击"OK"按钮确认设置,如图3-66所示。

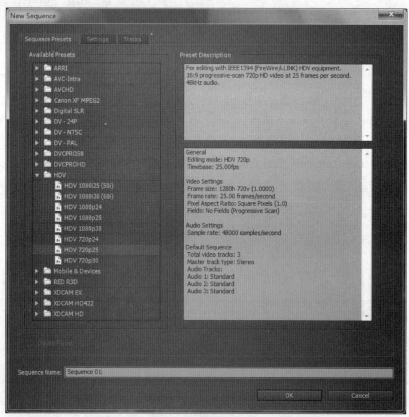

图3-66 选择项目制式

2．导入图片素材

01 在"Project"项目窗口的空白区域中双击鼠标左键，弹出"Import"（导入）对话框，打开"光盘\CH03\香港之夜"文件夹，选择所有图片素材后单击"打开"按钮，如图3－67所示。

图3－67　鼠标框选所有图片素材

02 导入后的图片素材排列在"Project"（项目）窗口中，并且默认为全部被选中状态，如图3－68所示。

图3－68　项目窗口中的图片素材

3．调整图片素材

01 在"Project"窗口选中全部图片素材，并拖入序列窗口中的视频轨道"Video 1"中，并保证素材的起始位置是视频轨道的起始位置，如图3－69所示。

图3-69　将图片素材拖入序列窗口中

02 在序列窗口中，用鼠标左键向右拖动左下角滑块的右端，将序列窗口中的图片素材片段放大显示，如图3-70所示。

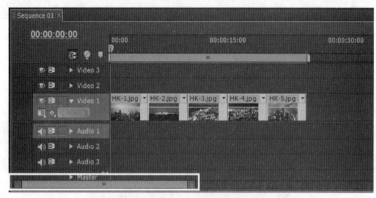

图3-70　放大显示工作区域

03 选择"File"（文件）>"Import"（导入）命令，弹出"Import"（导入）对话框，打开"光盘\CH03\香港之夜"文件夹，选择"背景音乐.wav"文件，如图3-71所示，单击"打开"按钮导入音频素材。

图3-71　导入音频素材

04 在"Project"窗口选中刚导入的音频素材"背景音乐.wav",将其拖入序列窗口中的音频轨道"Audio 1"中,并保证素材的起始位置是音频轨道的起始位置,如图3-72所示。

图3-72 将音频素材放入序列窗口

05 按"Enter"键,弹出"Rendering"(渲染中)对话框,如图3-73所示。渲染完成后按"Space"键预览整段序列的播放情况。

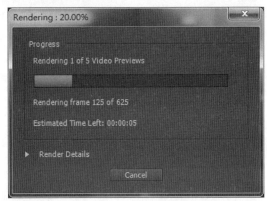

图3-73 "Rendering"对话框

3.5 本章习题

一、选择题

1. 下列文件格式中不能导入到Premiere Pro CS6的是 _____ (多选)

    A. AVI   B. WMV

    C. RMVB   D. CDA

2. 在Premiere Pro CS6中,下列说法正确的是_____ (多选)

    A. 可以导入PSD分层文件中的单个图层

    B. 可以导入任意版本的Premiere项目文件

    C. 可以自行创建"Offline File"

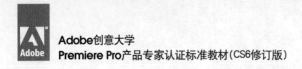

D. "Project"窗口提供了两种素材显示模式

3. 在Premiere Pro CS6中，下列说法不正确的是_____（多选）

    A. 素材的帧速率不能进行更改

    B. "Project"窗口可以在列表视图和图标视图之间进行切换

    C. "Project"窗口中可以通过创建文件夹来分类管理素材

    D. Premiere Pro CS6不支持导入序列图片

二、操作题

1. 将自己的摄影作品（或者通过互联网下载图片）制作成一部电子相册。

2. 使用"Project Manager"命令将电子相册项目文件进行打包处理。

第4章

素材剪辑基础

在Premiere Pro CS6中可以随时对素材进行插入、复制、替换、传递和删除等编辑操作，可以使用多种多样的素材排列顺序和特效转场进行画面调试，在最终输出之前可以预览这些操作的最终效果。本章将会介绍Premiere Pro CS6软件对素材的剪辑操作方法和技巧。

学习目标

- 掌握在监视窗口中剪辑素材的方法
- 掌握在时间线窗口中剪辑素材的方法
- 掌握分离素材的操作方法
- 了解编组与嵌套的概念
- 了解关键帧动画的概念
- 掌握关键帧动画的操作方法

4.1 剪辑素材

"Source"（源素材）监视窗口和"Program"（节目）监视窗口占据了Premiere Pro CS6工作界面的大部分空间。这两个窗口用来查看原始素材以及序列并设置素材的入点和出点等，可以改变素材的开始帧和结束帧，改变静止图像素材的持续时间，可以对原始素材和序列进行剪辑。

4.1.1 监视窗口简介

"Source"监视窗口与"Program"监视窗口分别用来显示素材和序列在编辑时的状况。左边为"Source"监视窗口，显示和设置源素材节目中的素材；右边为"Program"监视窗口，显示和设置序列，监视窗口如图4-1所示。

图4-1　"Source"监视窗口与"Program"监视窗口

> **技巧**
>
> 可以通过单击监视器窗口右上角的窗口设定控制按钮，在弹出的菜单里选择双窗口或单窗口显示方式。

在"Project"窗口中选中一段素材，鼠标左键双击素材，这段素材将会显示在"Source"监视窗口中，同样在"Sequence"窗口中鼠标左键双击一段素材，这段素材也会显示在"Source"监视窗口中，如图4-2所示。

图4-2　素材显示在"Source"监视窗口中

注意

　　"Project"窗口中的素材可以以列表形式显示在"Source"监视窗口中，当调入的素材数量较多时，可以单击"Source"监视窗口左上方的按钮，在弹出的下拉菜单中列出了曾经调入"Source"监视窗口中的素材文件列表，可以快速地浏览素材的基本情况，如图4-3所示。

图4-3　"Source"监视窗口中的素材文件列表

　　导入"Project"窗口中的素材可能是通过不同的途径获取的，在进行编辑时，需要观察这些素材是否符合播放标准，单击"Source"监视窗口或"Program"监视窗口下方的安全框按钮，可以显示或隐藏"Source"监视窗口和"Program"监视窗口中的安全区域，位于工作区域外侧的方框为运动安全区域，位于内侧的方框为标题安全区域。在编辑制作影片时，主要的画面元素、演员、图表不应超出动作安全区域边界，标题、字幕不应超出标题安全区域边界，如图4-4所示。

图4-4　监视窗口中的安全区域提示框

注意

　　安全框按钮默认并没有显示在监视窗口的快捷工具栏中，Premiere Pro CS6软件监视窗口下方的工具按钮是可以自定义的，单击按钮，将需要的安全框按钮或者其他按钮添加到当前工具栏中。

经验

　　普通CRT电视机标准已经年代久远，电视机屏幕边缘部分的成像质量较差，电视机在播放视频图像时，电视机屏幕的边缘位置会有一部分图像无法正常显示，这种现象叫作溢出扫描。不同的电视机溢出的扫描量不同，必须要把图像的重要部分放在安全区域内。

4.1.2 / 在"Source"监视窗口中剪辑

素材开始帧的位置被称为入点，素材结束帧的位置被称为出点。素材可以在"Source"和"Program"监视窗口以及"Sequence"窗口中进行剪辑，通过增加或删除一些片段来改变素材的长度，对素材的入点和出点进行剪辑设置时，不会影响计算机硬盘中的素材源文件。

素材并不一定能够完全满足最终节目的需求，往往要去掉素材中一些不需要的部分，通过设置入点和出点的方法来对素材进行剪辑，可以有选择性地去掉那些不需要的部分。

在"Source"监视窗口中改变素材入点和出点的操作方法如下。

（1）选中"Project"窗口中需要剪辑的素材，鼠标左键双击素材，素材在"Source"监视窗口中显示。

（2）在"Source"监视窗口中拖动滑块或按空格键，寻找到本段素材所期望的起始位置，如图4－5所示。

图4－5　本段素材所期望的起始位置

（3）单击"Source"监视窗口下方的█按钮或者按快捷键"I"，"Source"监视窗口中的播放条处会显示入点标记，如图4－6所示。

图4－6　设置入点标记

（4）继续在"Source"监视窗口中拖动滑块或按空格键，寻找到本段素材所期望的结束位置，如图4－7所示。

图4－7　本段素材所期望的结束位置

（5）单击"Source"监视窗口下方的██按钮或者按快捷键"O"，"Source"监视窗口中的播放条处会显示出点标记，如图4－8所示。

图4－8　设置出点标记

经过上述操作之后，将这一段素材放入序列窗口中进行编辑时，将只会显示入点和出点之间的区域，其他区域不再显示。

单击"Source"监视窗口下方的 按钮或者按组合快捷键"Shift + I"，可以自动找到影片的入点位置；单击"Source"监视窗口下方的 按钮或者按快捷键"Shift + O"，可以自动找到素材的出点位置。

技巧

当素材在"Source"监视窗口中显示时，在窗口工具栏上方的图像和声音图标会显示或关闭。如果素材同时含有图像和声音，会显示 图标；如果素材只包含图像，声音图标则会显示为灰色；如果素材只包含声音，图像图标则显示为灰色。将鼠标光标移动到这两个图标上，光标会变成抓手状 ，按下鼠标左键并拖动，可以有选择性地将素材的图像或者声音部分单独导入"Sequence"窗口的轨道中。

4.1.3 在"Sequence"窗口中剪辑

"Sequence"（序列）窗口是Premiere Pro CS6软件的剪辑操作集中区域，在这里可以使用多种编辑工具对素材进行简单或复杂的剪辑操作。

1. "Selection Tool"选取工具

在"Tools"工具面板中选择"Selection Tool" 工具（快捷键V），将鼠标光标移动到素材边缘上，鼠标光标变成 ，按住鼠标左键，向左或者向右拖动鼠标可缩短或拉长该素材，如图4-9所示。

图4-9 使用选取工具改变素材长度

2. "Rolling Edit Tool"滚动编辑

使用"Rolling Edit Tool" 工具（快捷键N）可以调节素材的长度，但会加长或者缩短相邻素材的长度以保持原来两个素材和整个轨道的总长度。当对素材进行滚动编辑时，在"Program"监视窗口中可以观看该素材和相邻素材的边缘画面，如图4-10所示。

图4-10 滚动编辑时素材的边缘画面

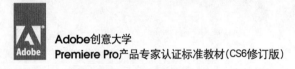
3．"Ripple Edit Tool"波纹编辑

使用"Ripple Edit Tool"　 工具拖动素材的出点可以改变素材的长度，相邻的素材会粘上来或退后，相邻素材长度不变，节目总时间长度改变。波纹编辑通常被称为"Film-Style"（胶片风格）编辑。

在"Tools"工具面板中选择"Ripple Edit Tool"工具，将鼠标光标放在两个素材连接处，按住鼠标左键拖动，调节选定素材的长度。只有被拖动素材的画面发生变化，其相邻素材的画面不变。"Program"监视窗口中会显示相邻两帧的画面，如图4－11所示。

图4－11　波纹编辑时素材相邻两帧的画面

4．"Slip Tool"错落编辑

"Slip Tool"　![]工具（快捷键Y）会改变一个素材对象的入点与出点，但会保持其总长度不变，且不影响相邻的素材对象。

使用此工具对素材进行操作时，注意"Program"监视窗口中发生的变化，左上图像为当前素材对象左边相邻片段的出点画面，右上图像为当前素材对象右边相邻片段的入点画面，下边图像为当前素材对象入点与出点画面，窗口左下方的时间码数字为当前素材对象改变的帧数(正值表示当前素材对象入出点向后面的时间改变；负值表示当前对象入出点向前面的时间改变)。按住鼠标左键，在当前对象中拖动"Slip Tool"，当前对象入点与出点以相同帧数改变，但其总时间不变，且不影响相邻片段，如图4－12所示。

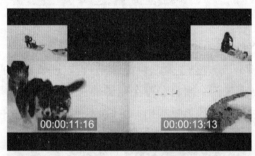

图4－12　错落编辑时的"Program"监视窗口画面

5．"Slide Tool"滑动编辑

使用"Slide Tool"　![]工具（快捷键U）可以保持剪辑片段的入点与出点不变，通过其相邻片段入点和出点的改变，改变其时间线上的位置，并保持节目总长度不变。例如，一个总长度为20s片段的入点为3s，出点为8s，使用滑动编辑工具改变其入点到12s，那么出点为17s，持续时间为5s。

使用滑动工具时注意"Program"监视窗口中发生的变化，左下图像为当前素材对象左边相邻片段的出点画面。右下图像为当前素材对象右边相邻片段的入点画面，下方图像为当前素材对象入点与出点画面。标识数字为相邻对象改变帧数。按住鼠标左键，在当前对象中拖动滑动工具，当前对象左边相邻片段的出点与右边相邻片段的入点随当前对象移动而以相同帧数改变(左边相邻片段出点与右边相邻片段入点画面中的数值显示改变的帧数，0表示相邻片段出点和入点没有改变；正值表示左边相邻片段出点与右边相邻片段入点向后面的时间改变；负值表示左边相邻片段出点与右边相邻片段入点向前面的时间改变)，如图4—13所示。

图4—13　滑动编辑时的"Program"监视窗口画面

> **注意**
>
> 使用"Slide Tool" 工具进行编辑后，当前素材对象在序列中的位置发生变化，但其入点与出点不变，即持续时间不会改变。

4.1.4　播放速度与持续时间

用户可以设置时间线中素材(视音频素材、静止图像)的长度，为素材指定一个新的长度来改变素材的播放速度。对于视频和音频素材，其默认速度为100%。**可以设置速度为－10000%～10000%，负的百分值会使素材反向播放。**当改变了一个素材的播放速度后，"Program"监视窗口和"Info"（信息）面板会反映出新的设置。

在"Sequence"窗口中选中需要修改的素材片段，选择"Clip"（素材）>"Speed/Duration"（速度/持续时间）命令，弹出"Clip Speed/Duration"（素材的速度/持续时间）对话框，如图4—14所示。

图4—14　"Clip Speed/Duration"对话框

对话框中"Speed"（速度）选项用于控制素材的播放速度，100%为原始速度，低

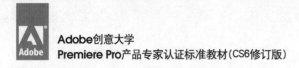
于100%则速度变慢，素材持续时间变长；高于100%则速度变快，素材持续时间缩短。在"Duration"（持续时间）栏中输入新的时间，会改变素材出点；如果"Speed"参数后面的锁链按钮为链接状态，则该选项与"Duration"参数链接；**选择"Reverse Speed"（倒放速度）选项，可以使素材倒放**；选择"Maintain Audio Pitch"（保持音调不变）选项可以锁定音频。

> **注意**
>
> 改变素材的播放速度会有效地减少原始素材的帧数，并影响视频素材的画面质量和音频素材的声音质量。当设定一段素材的播放速度为50%（长度增加一倍）时，素材会产生慢动作效果；当设定素材的播放速度为200%（长度减少一半），素材会产生快进效果。

对素材的播放速度进行调整后，可能导致素材播放质量下降，出现跳帧现象，这时可以使用帧融合技术弥补这些缺陷。帧融合技术通过在已有的帧之间插入新的帧来产生更平滑的运动效果。使用帧融合技术会耗费更多的计算时间。

在"Sequence"窗口中右键单击素材，在弹出的快捷菜单中选择"Frame Blend"（帧融合）命令即可应用帧融合技术，如图4-15所示。

图4-15　快捷菜单中的"Frame Blend"命令

4.1.5　粘贴素材与粘贴素材属性

Premiere Pro CS6提供了标准的Windows编辑命令，用于剪切、复制和粘贴素材，并且提供了两个独特的粘贴命令："Paste Insert"（粘贴插入）和"Paste Attributes"（粘贴属性）。这些命令都存放在"Edit"（编辑）菜单中。

1．"Cut"、"Copy"和"Paste"

使用"Cut"（剪切）命令可以将选中的内容进行剪切，并存入剪贴板中，以供粘贴，粘贴完成后原内容会被删除。

使用"Copy"（复制）命令可以复制选取的内容并存到剪贴板中，对原有的内容不进行任何修改。

使用"Paste"（粘贴）命令可以把剪贴板中保存的内容粘贴到指定的区域中，可以进行多次粘贴。

2．"Paste Insert"和"Paste Attributes"

使用"Paste Insert"命令可以将复制或剪切的素材粘贴到"Sequence"窗口中时间线指针

所在的位置，处于其后方的影片会等距离后退。

在"Sequence"窗口中将时间线指针移动到需要粘贴的位置，选择"Edit"（编辑）＞"Paste Insert"（粘贴插入）命令，素材被粘贴到时间线指针位置，其后的素材等距离后退，如图4－16所示。

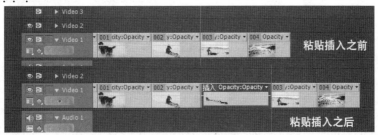

图4－16　粘贴素材

使用"Paste Attributes"（粘贴属性）命令可以将一个素材的属性(滤镜效果、运动设定及不透明度设定等）粘贴到其他的素材片段上。

4.1.6 场顺序设置

视频的场顺序交错问题直接影响着影片的最终合成质量。由于视频格式的采集和回放设备不同，场的优先顺序也是不同的，如果场顺序设置错误，画面会变得僵持和闪烁。在编辑操作中，改变素材片段的速度、输出胶片带、反向播放片段或冻结视频帧都有可能遇到场处理问题。播放影片时如果画面出现了不正常的跳动现象，则说明场的顺序是错误的。

> **经验**
>
> 当编辑完成的影片需要输出到电视设备上播放时，需要确认场顺序，输出到电视机的影片是带有场顺序的。也可以为没有场的影片添加场，如使用三维动画软件输出的影片，在输出的时候没有输出场，录制到录像带在电视上播出的时候，就会出现问题，这时候可以为其在输出前添加场。现在流行的高清视频大部分为逐行扫描模式，不需要设置场顺序。

设置场顺序的方法有以下3种。

1. 新建序列时确定项目影片的场顺序

在"New Sequence"（新建序列）对话框中，选择"Settings"（设置）选项卡，在"Video"（视频）区域中的"Fields"（场）下拉列表中可以指定编辑影片所使用的场顺序，如图4－17所示。

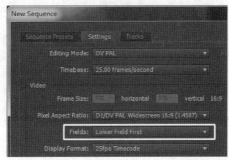

图4－17　"General"选项卡中的场顺序选项

场顺序的类型如下。

● "No Fields (Progressive Scan)"【无场(逐行扫描)】：应用于非交错场影片，当需要生成高清无场影片时需要选择此选项。

● "Upper Field First"（上场优先）：场顺序为上场优先，适用于上场优先扫描的视频设备。

● "Lower Field First"（下场优先）：场顺序为下场优先，适用于下场优先扫描的视频设备，如标准PAL制式。

2．修改素材的场顺序

在"Project"窗口中选中素材文件，选择"Clip" > "Modify" > "Interpret Footage"命令，弹出"Modify Clip"（修改素材）面板，如图4－18所示，其中的"Filed Order"选项可以修改素材的场顺序。

3．素材的场选项

在编辑过程中，可以统一素材的场顺序，使之符合视频设备的需求。在"Sequence"窗口中右键单击素材，在弹出的快捷菜单中选择"Field Options"（场选项）命令，然后在弹出的"Field Options"（场选项）对话框中进行设置，如图4－19所示。

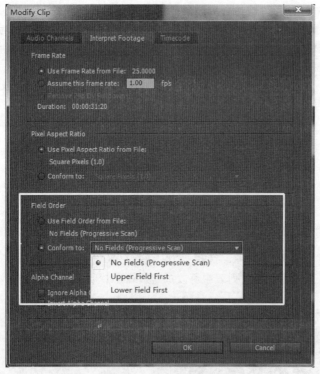

图4－18　"Modify Clip"面板中的场顺序选项　　　　　图4－19　"Field Options"对话框

对话框中各选项说明如下。

● "Reverse Field Dominance"（交换场顺序）：反转场控制。如果素材场顺序与视频设备的场顺序相反，则选该项将其反转。

● "None"（无）：不进行处理。

● "Interlace Consecutive Frames"（交错相邻帧）：交错场处理。将非交错场转换为交错场。

● "Always Deinterlace"（总是反交错）：非交错场处理。将交错场转换为非交错场。

● "Flicker Removal"（消除闪烁）：消除细水平线的闪烁。当该选项没有被选择时，在回放时会导致闪烁；选择该选项会使扫描线的百分值增加或降低以混合扫描线，使一个像素的扫描线在视频的两场中都出现。在Premiere Pro CS6中插入字幕时，一般需要将字幕文件的该选项打开。

4.1.7 删除素材

用户可以在"Sequence"窗口中删除不需要的素材，删除后的素材仍会出现在"Project"窗口中，并且在轨道上留下空位。也可以选择"Ripple Delete"（波纹删除）命令，将其他所有轨道上的内容向左移动，覆盖被删除素材留下的空位。

删除素材的两种方法如下。

（1）直接删除素材

在"Sequence"窗口中选择一个或多个素材，按"Delete"键或选择"Edit"＞"Clear"命令，将素材删除。

（2）波纹删除素材

在"Sequence"窗口中选择一个或多个素材（如果不希望其他轨道的素材位置发生移动，可以锁定该轨道），单击鼠标右键在弹出的快捷菜单中选择"Ripple Delete"（波纹删除）命令，将素材删除。

4.1.8 设置标记点

"Source"监视窗口的标记工具用于设置素材片段的标记，"Program"监视窗口的标记工具用于设置序列工作区域的标记。

在"Source"监视窗口为素材设置标记点，并在"Program"监视窗口为序列工作区域设置标记点之后，可以帮助用户在"Sequence"窗口中快速对齐素材或切换素材片段，还可以快速寻找目标位置。

> 📶 **注意**
>
> 当"Sequence"窗口中的 █ 吸附选项图标被按下后，素材在移动时就会快速与邻近的标记点靠齐。对于序列工作区域以及每一个单独的素材，都可以加入100个带编号的标记点（0～99）和最多999个不带编号的标记点。

1．设置标记点

（1）为素材设置标记点

在"Project"窗口选择需要设置标记点的素材，鼠标左键双击素材使其在"Source"监视窗口中显示，在"Source"监视窗口中找到需要设置标记点的位置，然后单击 █ 按钮或者按

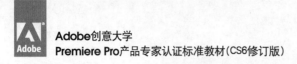

快捷键"M"键,可以为该处添加一个标记点,如图4-20所示。

图4-20　标记点

（2）为序列工作区域设置标记点

在"Sequence"窗口中移动时间线指针到需要设置标记点的位置,单击"Sequence"窗口中的标记点工具█即可为序列工作区域设置一个标记点,如图4-21所示。

图4-21　序列工作区域的标记点

标记点可以设置备注信息以方便进行查询,双击设置好的标记点,弹出对话框,如图4-22所示,在其中设置信息即可。

图4-22　设置标记点备注信息

2．查找标记点

为素材或时间线指针设置标记点后,可以快速查找某个标记点的位置或通过标记点使素材对齐。在"Source"监视窗口中单击██或██按钮,或者选择"Marker" > "Go to Next Marker"或者"Marker" > "Go to Previous Marker"命令,找到上一个或者下一个标记点。

> **经验**
>
> 在"Sequence"窗口中拖动素材上的标记点时,在标记点中央会弹出一条参考线,可以帮助对齐素材或者时间线指针上的标记点,当标记点对齐后松开鼠标即可。

3．删除标记点

在"Sequence"窗口中,单击选择需要删除的标记点,选择"Marker" > "Clear Current Marker"（清除当前标记）命令,即可删除当前序列工作区域的标记点；选择"Marker" > "Clear All Markers"（清除所有标记）命令,即可删除序列工作区域的全部标记点。在"Source"监视窗口中,删除标记点的操作与在"Sequence"窗口中的操作一致。

4.1.9　实时编辑素材源文件

Premiere Pro CS6作为Adobe Creative Suit 6套件中的一员,与Adobe公司的其他软件联系

密切，用户可以在与之兼容的其他软件中打开素材进行观看或编辑。例如，可以在Premiere Pro CS6中选择图片素材，在Photoshop中打开并编辑该图片素材，储存后，该素材会自动在Premiere Pro CS6中进行更新。

在"Project"或"Sequence"窗口中选中需要编辑的素材，选择"Edit"（编辑）>"Edit Original"（编辑原始素材）命令，接下来在打开的应用程序中编辑该素材，完成编辑之后储存结果，回到Premiere Pro CS6中，修改后的素材会自动更新。

> **注意**
>
> 如果需要在其他应用程序中编辑素材，首先要在计算机中安装该应用程序。如果选择"Project"窗口中的序列图片，则在应用程序只能打开该序列图片的第一幅图像；如果选择"Sequence"窗口中编辑的序列图片，则打开的是当前时间标记所在的帧画面。

4.2 分离素材

在"Sequence"窗口中可以将一段素材切割成两段或更多段的素材，可以使用插入工具进行三点或者四点编辑，也可以将素材的音频和视频进行分离，或者将分离的音频和视频素材链接起来。

4.2.1 切割素材

在"Tools"工具栏中选择"Razor Tool"（剃刀工具） 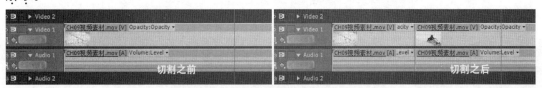（快捷键C），在素材需要切割处单击，该素材被切割为两段素材，每一段素材都有其独立的长度和入出点，如图4-23所示。

图4-23 使用"Razor Tool"切割素材

如果要将多个轨道上的素材在同一点进行切割，可以按住"Shift"键选中多个素材，此时鼠标指针会显示为多重刀片，在轨道上单击，则轨道上所有未锁定的素材都在该位置被切分为两段，如图4-24所示。

图4-24 同时切割多段素材

> **注意**
>
> 切割素材实际上是建立了该素材的两个副本。可以在"Sequence"窗口中锁定轨道，以保证在一个轨道上进行编辑时，其他轨道上的素材不被影响。

4.2.2 插入和覆盖编辑

使用■(插入)和■(覆盖)工具可以将"Source"监视窗口中的素材片段直接置入"Sequence"窗口中的当前视频或音频轨道上。

1．插入编辑

使用插入工具置入素材片段时，处于时间线指针之后的素材都会向后推移，插入的新素材会把原位置的素材分为两段，原素材的后半部分会向后推移，接在新素材之后。

插入编辑的操作方法如下。

（1）在"Source"监视窗口中为需要插入到时间线中的素材设置入点和出点。

（2）在"Sequence"窗口中选择插入素材的目标轨道，将时间线指针移动到需要插入素材的时间点位置上。

（3）在"Source"监视窗口中单击■按钮，新素材会直接插入轨道，原有素材被分为两段，原素材的后半部分将会向后推移并接在新素材之后，素材的长度增长，如图4-25所示。

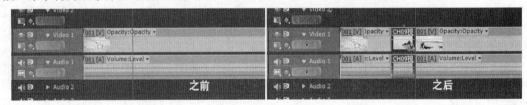

图4-25　插入编辑

2．覆盖编辑

使用覆盖工具置入素材片段时，插入的新素材会把原有素材分为两段，处于时间线指针之后的素材会被覆盖，被覆盖的时间长度等于新插入的素材长度。

覆盖编辑的操作方法如下。

（1）在"Source"监视窗口中为需要插入时间线中的素材设置入点和出点。

（2）在"Sequence"窗口中选择插入素材的目标轨道，将时间线指针移动到需要插入素材的时间点位置上。

（3）在"Source"监视窗口中单击■按钮，加入的新素材在时间线指针处覆盖后面的素材，素材总长度保持不变，如图4-26所示。

图4-26　覆盖编辑

4.2.3 / 提升和提取编辑

使用 "Program" 监视窗口中的 ▦ (提升) 和 ▦ (提取) 工具可以在 "Sequence" 窗口的指定轨道上删除指定的一段节目。

1．提升编辑

使用提升编辑功能对影片进行删除修改时，只会删除目标轨道中选定范围内的素材片段，对其前后的素材以及其他轨道上素材的位置不会产生影响。

提升编辑操作方法如下。

（1）在 "Program" 监视窗口中为素材设置入点和出点，设置的入点和出点显示在 "Sequence" 窗口中，如图4－27所示。

（2）在 "Sequence" 窗口中选择需要进行提升编辑的目标轨道。

（3）在 "Program" 监视窗口中单击 ▦ 按钮，入点和出点之间的素材被删除。删除后的区域留下空白，如图4－28所示。

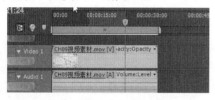 

图4－27　设置删除范围　　　　　　　图4－28　素材被删除

2．提取编辑

使用提取编辑功能对影片进行删除修改时，不但会删除目标轨道中指定的片段，还会将其后的素材前移，填补空缺，对于其他未锁定轨道中位于该选择范围之内的片段也一并删除，并将后面的所有素材前移。

提取编辑的操作方法如下。

（1）在 "Program" 监视窗口中为素材需要删除的部分设置入点和出点。设置的入点和出点显示在 "Sequence" 窗口中，如图4－29所示。

图4－29　设置删除范围

（2）在 "Sequence" 窗口中选择需要进行提取编辑的目标轨道。

（3）在 "Program" 监视窗口中单击 ▦ 按钮，入点和出点间的素材被删除，其后的素材将自动前移，填补空缺。

4.2.4 / 分离和链接素材

在 "Sequence" 窗口中将素材的视频和音频部分进行分离，可以完全打断或者暂时释放素材的视音频链接关系，可以重新调整视频和音频部分的摆放位置。当视音频的摆放位置调整完

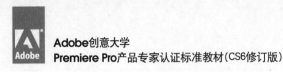

毕后，可以重新链接视音频部分，使其重新成为一个整体。

1．分离素材

"Sequence"窗口中选择需要分离的素材，单击鼠标右键，在弹出的快捷菜单中选择 "Unlink"（解除视音频链接）命令或者选择"Clip"＞"Unlink"命令，即可分离素材的音频 和视频部分，按住Alt键的同时拖拉素材，也可以临时解开同步的视频素材与音频素材之间的 链接关系。

2．链接素材

在"Sequence"窗口中同时选中需要进行链接的视音频片段，单击鼠标右键，在弹出的快 捷菜单中选择"Link"（链接视音频）命令或者选择"Clip"＞"Link"命令，视频和音频就被 重新链接在一起。

4.3 编组与嵌套

4.3.1 编组

在编辑工作中，经常需要对多个素材进行整体操作，使用编组命令可以将多个素材片段组 合为一个整体来进行移动或者复制等操作。

建立编组素材的方法如下。

在"Sequence"窗口中框选要编组的素材（按住"Shift"键可以同时选择多个素材），在 选定的素材上单击鼠标右键，在弹出的快捷菜单中选择"Group"（编组）命令，选中的素材 就会被编组，如图4－30所示；如果要取消编组效果，可以在群组对象上右键单击，在弹出的 快捷菜单中选择"Ungroup"（取消编组）命令即可。

图4－30　"Group"命令

> **注意**
>
> 编组的素材无法改变其属性，如改变编组的不透明度或施加特效等，这些操作仍然只针对 单个素材有效。

4.3.2 嵌套

Premiere Pro CS6中具备多序列嵌套功能，可以将一个序列嵌套到另外一个序列中作为一 整段素材使用，但序列自身不可以进行自嵌套操作。对嵌套素材的源序列进行修改，会影响到嵌套素材；而对嵌套素材的修改则不会影响到其源序列。使用嵌套功能可以完成普通剪辑无法完成的复杂工作，在很大程度上提高工作效率。嵌套可以反复进行，处理多级嵌套素材时，需要大量的处理时间和内存。

建立嵌套素材的方法如下。

在"Sequence"窗口中切换到要加入嵌套的目标序列。在"Project"窗口中选择被嵌套的序列，然后按住鼠标左键，将被嵌套的序列素材拖入新的序列轨道上，如图4-31所示。

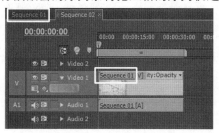

图4-31 嵌套序列

鼠标左键双击嵌套素材，可以直接回到其源时间线中进行编辑。嵌套可以反复进行。处理多级嵌套素材时，需要大量的处理时间和内存。

> **注意**
>
> 不可以将一个没有剪辑的空白序列作为嵌套素材使用。嵌套操作需要至少两个序列才能进行。

4.4　动画与关键帧控制

传统二维动画依靠手工绘制逐帧渐变的画面内容，并在快速播放的过程中产生连续的动作效果。在计算机图形图像技术飞速发展的今天，在图像编辑软件中只需要对物体阶段运动的端点设置关键帧就会在端点之间自动生成连续的动画效果，这些由关键帧控制的动画效果称为关键帧动画。

4.4.1　关键帧动画

在Premiere Pro CS6中使用添加关键帧的方式可以创建动画并控制素材动画效果和音频效果。关键帧记录着属性的数值变化，如空间位置、不透明度或者音频的音量。关键帧之间的属性数值会被自动计算出来。当使用关键帧创建随着时间而产生的变化时，至少需要两个关键帧，一个处于数值变化的起始位置，另一个处于数值变化的结束位置。

● 在"Effect Controls"（特效控制）窗口或者"Sequence"窗口中可以观察并编辑关键帧。在"Sequence"窗口中设置关键帧，可以更为方便直观地对其进行调节。在设置关键帧时，遵循以下方针可以大大增强工作的方便性和工作效率。

● 在"Sequence"窗口中设置关键帧，适用于只具有一维数值参数的属性，如不透明度或者音频的音量。而在"Effect Controls"窗口中设置关键帧则更适合二维或者多维数值参数的属性，如色阶、旋转或比例等。

● 在"Sequence"窗口中，关键帧数值的变化会以图标的形式进行展现，因此可以直观分析数值随时间变化的大体趋势。默认状态下，关键帧之间的数值以线性的方式进行变化，但可以通过改变关键帧的插值，以贝赛尔曲线的方式控制参数的变化，从而改变数值变化的速率。

● 在"Effect Controls"窗口中可以一次性显示多个属性的关键帧，但只能显示所选择的素材片段。而"Sequence"窗口可以一次显示多条轨道或者多段素材的关键帧，但每个轨道或素材仅显示一种属性。

● 同"Sequence"窗口一样，"Effect Controls"窗口也可以图像化显示关键帧。一旦某个效果属性的关键帧功能被激活，便可以显示其数值及其速率图。速率图以变化的属性数值曲线显示关键帧的变化过程，并显示可供调节用的控制柄，以调节其变化速率和平滑度。

● 音频轨道效果的关键帧可以在"Sequence"窗口或者"Audio Mixer"窗口中进行调节。而音频素材片段效果的关键帧则像视频片段效果一样，只可以在"Sequence"窗口或者"Effect Controls"窗口中进行调节。

4.4.2 关键帧动画操作方法

使用关键帧可以为效果属性创建动画。在"Effect Controls"窗口或者"Sequence"窗口中可以添加并控制关键帧。

关键帧动画的操作方法如下。

（1）在"Effect Controls"窗口中，单击属性名称左边的秒表图标🕐，激活关键帧记录功能，同时在时间指针当前位置自动添加关键帧，如图4-32所示。

（2）将时间指针移动到下一个动画设置点，单击添加关键帧按钮◀，可以在当前时间指针所在位置添加一个关键帧，如图4-33所示。

图4-32 添加关键帧

图4-33 继续添加关键帧

（3）调整两个时间点上关键帧的数值，即可生成关键帧动画。

> **技巧**
>
> 单击属性旁边的三角符号，可以打开此属性的曲线图表，包括数值图表和速率图表，如图4-34所示。再次单击秒表图标，可以关闭属性的关键帧功能，设置的所有关键帧将被删除。

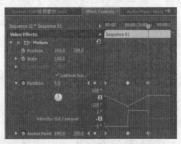
图4-34 关键帧曲线图表

（4）在"Sequence"窗口的轨道控制区域也有一个添加/删除关键帧按钮█和两个前后箭头标志█，使用方法和在"Effect Controls"窗口的方法一样，如图4−35所示。

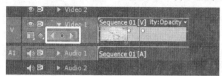

图4−35　"Sequence"窗口中的添加/删除关键帧按钮

（5）"Sequence"窗口中不但可以显示关键帧，还可以以数值线的形式显示数值的变化，关键帧位置的高低表示数值的大小。在时间线上进行关键帧控制前，可以先向上拖动轨道名称上方的边界，以扩展轨道显示的高度，方便控制关键帧，如图4−36所示。

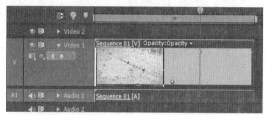

图4−36　"Sequence"窗口中的关键帧数值线

4.5　综合案例——动物世界

学习目的

> 熟悉Premiere Pro CS6剪辑视频的方法，掌握为视频素材设置入点与出点的方法

重点难点

> 为素材设置入点与出点
> 在序列窗口中调整素材位置

本案例通过处理视频素材的入点与出点来确定素材片段的适用范围，并将多段素材拼合在一起，制作动物世界短片，如图4−37所示。

图4−37　动物世界效果

操作步骤

1．新建项目

01 单击计算机桌面左下角"开始"按钮，在Windows程序列表中找到Premiere Pro CS6并打开。在软件欢迎界面中，单击"New Project"按钮新建工作项目，如图4−38所示。

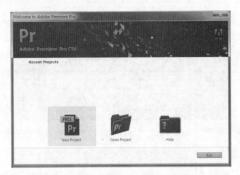

图4-38　新建一个工作项目

02 在接下来弹出的"New Project"面板中设置项目文件的存储路径以及名称，单击
"OK"按钮确认设置，如图4-39所示。

图4-39　设置项目文件的存储路径以及名称

03 在接下来弹出的"New Sequence"面板中选择"HDV 720p25"选项，单击"OK"按
钮确认设置，如图4-40所示。

图4-40　选择项目制式

2．导入素材

01 在"Project"项目窗口中的空白区域双击鼠标左键，弹出"Import"对话框，选择"光盘\CH04\动物世界"，选择文件夹中的四段视频素材，单击"打开"按钮确认导入，如图4-41所示。

图4-41　导入素材文件

02 素材导入完成后显示在"Project"项目窗口中，如图4-42所示。

图4-42　素材文件显示在项目窗口中

3．剪辑素材

01 使用鼠标左键，在"Project"项目窗口中双击素材"01斑马.mov"，素材自动显示在"Source"监视窗口中，如图4-43所示。

02 在"Source"监视窗口中，移动时间指针到00:00:02:00处，选择"Marker">"Mark In"命令，为素材"01斑马.mov"设置入点，如图4-44所示。

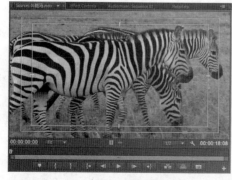

图4-43　素材显示在监视窗口中

图4-44　为素材设置入点

03 在"Source"监视窗口中，移动时间指针到00:00:13:04处，选择"Marker">"Mark Out"命令，为素材"01斑马.mov"设置出点，如图4—45所示。

04 在"Project"项目窗口中双击素材"02大象.mov"，素材自动显示在"Source"监视窗口中，如图4—46所示。

图4—45　为素材设置出点

图4—46　素材显示在监视窗口中

05 在"Source"监视窗口中，移动时间指针到00:00:02:00处，选择"Marker">"Mark In"命令，为素材"02大象.mov"设置入点，如图4—47所示。

06 在"Source"监视窗口中，移动时间指针到00:00:09:00处，选择"Marker">"Mark Out"命令，为素材"02大象.mov"设置出点，如图4—48所示。

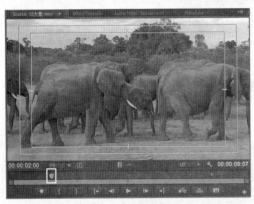
图4—47　为素材设置入点

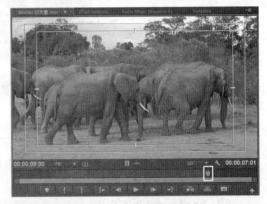
图4—48　为素材设置出点

07 在"Project"项目窗口中双击素材"03猎豹.mov"，素材自动显示在"Source"监视窗口中，如图4—49所示。

08 在"Source"监视窗口中，移动时间指针到00:00:02:00处，选择"Marker">"Mark In"命令，为素材"03猎豹.mov"设置入点，如图4—50所示。

09 在"Source"监视窗口中，移动时间指针到00:00:10:16处，选择"Marker">"Mark Out"命令，为素材"03猎豹.mov"设置出点，如图4—51所示。

10 在"Project"项目窗口中双击素材"04长颈鹿.mov"，素材自动显示在"Source"监视窗口中，如图4—52所示。

图4-49　素材显示在监视窗口中

图4-50　为素材设置入点

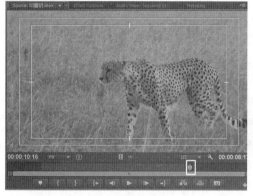

图4-51　为素材设置出点

图4-52　素材显示在监视窗口中

11 在"Source"监视窗口中，移动时间指针到00:00:02:00处，选择"Marker">"Mark In"命令，为素材"04长颈鹿.mov"设置入点，如图4-53所示。

12 在"Source"监视窗口中，移动时间指针到00:00:08:08处，选择"Marker">"Mark Out"命令，为素材"04长颈鹿.mov"设置出点，如图4-54所示。

图4-53　为素材设置入点

图4-54　为素材设置出点

13 在"Project"项目窗口中，选中全部四段素材，将素材拖放到序列窗口的视频轨道上，如图4-55所示。

4．添加转场特效

在序列窗口中，选中全部四段素材，选择"Sequence"＞"Apply Default Transitions to Selection"命令，为素材添加默认的"Cross Dissolve"视频转场特效，如图4－56所示。

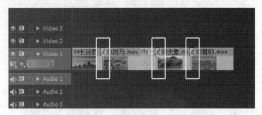

图4-55　将素材放到轨道上　　　　　　　图4-56　添加转场特效

5．预览效果

按"Enter"键，弹出"Rendering"预览进度条，如图4－57所示，渲染完成后观察播放效果。

图4-57　预览进度条

6．渲染输出

确认无误后，进行渲染输出，输出方法参见本书第9章案例。

4.6　本章习题

一、选择题

1．在序列窗口中，需要同时选中多个轨道上的素材时应按下 ＿＿＿＿＿＿键（单选）

　　　A．Shift　　　　　　　B．Ctrl　　　　　　　C．Alt　　　　　　　D．Enter

2．下列说法不正确的是＿＿＿＿＿＿（多选）

　　　A．使用提取编辑时原位置素材不会改变

　　　B．空白序列可以作为嵌套素材使用

　　　C．可以为素材文件设置999个标记点

　　　D．产生关键帧动画至少需要一个关键帧

二、操作题

1．拍摄多段视频素材，使用Premiere Pro CS6的多种剪辑方法剪辑这些素材，制作一个短片。

2．为一段素材制作不透明度渐变效果。

第5章
视频特效

Premiere Pro CS6可以为素材添加多种视频特效，通过调节视频特效的参数，产生丰富的画面效果。Premiere Pro CS6中的视频特效与Adobe Photoshop软件中的滤镜效果十分相似，区别在于Premiere Pro CS6中的视频特效可以应用于视频文件，并且可以产生动态效果。

学习目标

➡ 掌握Premiere Pro CS6视频特效的使用操作流程
➡ 掌握Premiere Pro CS6视频特效的调节方法
➡ 了解Premiere Pro CS6视频特效的分类
➡ 了解Premiere Pro CS6视频特效的多种效果

5.1 添加视频特效操作流程

Premiere Pro CS6的视频特效存放于"Effect"（特效）窗口的"Video Effects"（视频特效）文件夹中，如图5-1所示。Premiere Pro CS6除了支持自身的视频特效以外（*.prm格式），还可以将其他Adobe软件的插件安装到Premiere Pro CS6中作为视频特效来使用，包括After Effects 插件（*.aex格式）和Photoshop插件（*.8bf格式），只需要将这些插件复制到Premiere Pro CS6软件安装目录中的"Plug-ins"文件夹中即可。Illustrator插件（*.aip格式）不被支持。

图5-1 "Effects"窗口

技巧

在特效窗口中，可以通过在顶部的搜索栏中输入全部或部分特效名称，对特效进行查找。

注意

虽然Premiere Pro CS6支持Photoshop插件（*.8bf格式），但无法为其各项属性参数设置关键帧动画。

在Premiere Pro CS6中为素材添加视频特效非常方便，从"Effects"（特效）窗口的"Video Effects"（视频特效）文件夹中选择一个视频特效，然后将特效拖动到"Sequence"面板中的素材片段上即可，如图5-2所示。

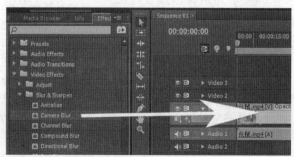

图5-2 为素材片段添加视频特效

如果素材片段处于选择状态，也可以将特效拖动到该素材片段的"Effect Controls"窗口中，如图5－3所示。

绝大多数的视频特效都有参数设置，单击特效名称左侧的三角按钮，展开特效参数设置，如图5－4所示。

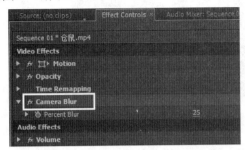

图5－3 将视频特效拖动到"Effect Controls"窗口中

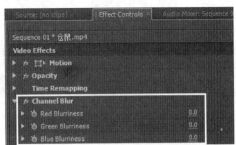

图5－4 视频特效参数设置

5.2 "Adjust"视频特效组

在"Adjust"（调整）特效文件夹下，共有9项关于调整画面效果的视频特效，常用特效的说明如下。

1. "Auto Color"

"Auto Color"（自动颜色）特效可以自动调节黑色和白色像素的对比度。

2. "Auto Contrast"

"Auto Contrast"（自动对比度）特效可以自动调整色彩的对比度。

3. "Auto Levels"

"Auto Levels"（自动色阶）特效可以自动调节高光、阴影，可以调节画面中所有的颜色。

4. "Convolution Kernel"

"Convolution Kernel"（卷积内核）特效根据数学卷积分的运算来改变素材中每个像素的值。

5. "Extract"

"Extract"（提取）特效可从将视频片段中的彩色部分提取出来，剩下黑白色，通过调整灰色的范围来控制影像的显示，参数设置如图5－5所示。

图5－5 "Extract"特效参数设置

6. "Levels"

"Levels"（色阶）特效可以控制素材的亮度和对比度，在保持影像的黑色和高亮区域不变的前提下，改变中间色调的亮度。

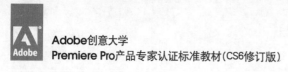
7. "Lighting Effects"

"Lighting Effects"（光效）特效可以在一个素材上同时最多添加5个灯光特效，为画面添加灯光照射效果，并且可以调节这些灯光的属性，如图5—6所示。

图5—6　"Lighting Effects"视频特效

8. "ProcAmp"

"ProcAmp"（基本信号控制）特效可以调整素材的基本信号输出，包括 "Brightness"（亮度）、"Contrast"（对比度）、"Hue"（色相）和 "Saturation"（饱和度），勾选 "Split Screen"（拆分屏幕）复选框可以将画面拆分为两个部分，一部分保持原始画面不变，另一部分显示调整后的效果，如图5—7所示。

图5—7　"ProcAmp"视频特效

9. "Shadow/Highlight"

"Shadow/Highlight"（阴影/高光）特效会使整个图像变暗或变亮，也可以调整一幅图像总的对比度，可解决图像的高光部分曝光过度的问题。

5.3 "Blur & Sharpen" 视频特效组

在 "Blur & Sharpen"（模糊与锐化）特效文件夹下，共有10个能够调节素材画面的模糊与锐化效果的视频特效，常用的视频特效如下。

1. "Antialias"

"Antialias"（消除锯齿）特效可以使素材的边缘变得圆滑，产生轻微的模糊效果，使画面效果更加柔和。

2. "Camera Blur"

"Camera Blur"（摄像机模糊）特效是随时间变化的模糊调整方式，可使画面从最清晰连续调整得越来越模糊，就好像照相机调整焦距时出现的模糊景物情况。可以应用于片断的开始画面或结束画面，做出调焦的效果。要使用调焦效果，必须设定开始点的画面和结束点的画面，如图5－8所示。

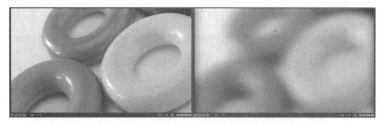

图5－8　　"Camera Blur"视频特效

3．"Channel Blur"

"Channel Blur"（通道模糊）特效可以对素材的红、绿、蓝和Alpha通道分别进行模糊，使用这个效果可以创建辉光效果或者图层边缘附近不透明效果，如图5－9所示。

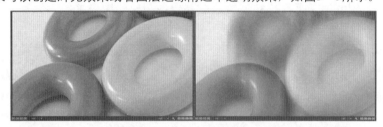

图5－9　　"Channel Blur"视频特效

4．"Compound Blur"

"Compound Blur"（复合模糊）特效使用另外的素材轨道作为模糊素材对当前轨道图像进行复合模糊，为素材增加全面的模糊效果，如图5－10所示。

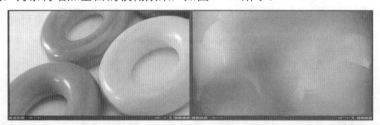

图5－10　　"Compound Blur"视频特效

5．"Directional Blur"

"Directional Blur"（定向模糊）特效可以使图像产生有方向性的模糊，增添素材的运动感，如图5－11所示。

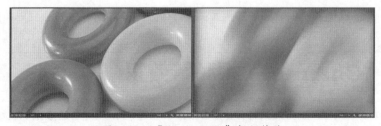

图5－11　　"Directional Blur"视频特效

6．"Fast Blur"

"Fast Blur"（快速模糊）特效可以非常快速地指定图像的模糊程度，可以指定纵向、横向或双向模糊，如图5-12所示。

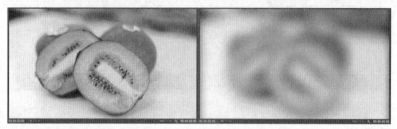

图5-12　"Fast Blur"视频特效

7．"Gaussian Blur"

"Gaussian Blur"（高斯模糊）特效能够模糊和柔化图像并能消除噪波，如图5-13所示。

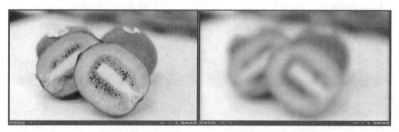

图5-13　"Gaussian Blur"视频特效

8．"Ghosting"

"Ghosting"（残像）特效可以产生多重留影的效果，对于表现运动物体的路径效果较好，如图5-14所示。

图5-14　"Ghosting"视频特效

9．"Sharpen"

"Sharpen"（锐化）特效能够增加画面突变部分效果的对比度，使画面更加锐利。

5.4　"Channel"视频特效组

在"Channel"（通道）特效文件夹下，共有7个能够调节素材通道效果的视频特效，常用的视频特效如下。

1．"Arithmetic"

"Arithmetic"（算术）特效可以对图像的红、绿、蓝通道进行不同的简单数学计算。

2．"Blend"

"Blend"（混合）特效能够采用五种模式来混合两个视频轨道上的素材，如图5－15所示。

图5－15　　"Blend"视频特效

3．"Calculations"

"Calculations"（计算）特效可以将一个素材的通道与另一个素材的通道结合在一起。

4．"Compound Arithmetic"

"Compound Arithmetic"（复合运算）特效通过设置轨道的混合模式来使两个轨道上的图像叠加在一起，如图5－16所示。

图5－16　　"Compound Arithmetic"视频特效

5．"Solid Composite"

"Solid Composite"（固态合成）特效对两个轨道上的素材图像进行单色混合，改变混合的颜色，使两个轨道上的素材图像混合在一起，如图5－17所示。

图5－17　　"Solid Composite"视频特效

5.5　"Color Correction"视频特效组

在"Color Correction"（色彩校正）特效文件夹下，共有17个能够对素材进行色彩校正的视频特效。

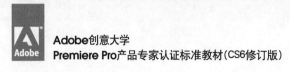
1. "Brightness & Contrast"

"Brightness & Contrast"（亮度与对比度）特效可以调节画面的亮度和对比度。该效果会同时调整所有像素的亮部区域、暗部区域和中间区域。

2. "Broadcast Colors"

"Broadcast Colors"（广播级色彩）特效用来改变像素的色值范围，保持信号幅度，最大信号振幅的设定范围是90～120，广播制式有NTSC和PAL两种。

3. "Change Color"

"Change Color"（改变颜色）特效通过在素材色彩范围内调整色相、亮度和饱和度，来改变色彩范围内的颜色。

4. "Change to Color"

"Change to Color"（转换颜色）特效可以指定图像中的某一种颜色，使用一种新颜色替换指定的颜色。

5. "Channel Mixer"

"Channel Mixer"（通道混合器）特效通过指定颜色的混合值来修改颜色通道，为每个通道设置不同的颜色偏移量，校正图像的色彩。

6. "Color Balance"

"Color Balance"（色彩平衡）特效通过设置图像的阴影、中间色调和高光的红绿蓝三色的参数，来调节画面色彩平衡。

7. "Color Balance (HLS)"

"Color Balance (HLS)"【色彩平衡(HLS)】特效通过场景的整体、暗部、中间色调和高光区域进行色相、饱和度、亮度的匹配，以协调画面。

8. "Equalize"

"Equalize"（色彩均化）特效可以改变图像的像素，与Adobe Photoshop 软件中的色调均化命令类似。

9. "Fast Color Corrector"

"Fast Color Corrector"（快速色彩校正器）特效可以通过色调饱和度控制器来调整素材的颜色，也可以调整阴影、中间色调和高光的值，调节得到的效果可以快速在"Program"监视窗口中显示出来。

10. "Leave Color"

"Leave Color"（脱色）特效用于去除素材中被选中的颜色及类似颜色以外的其他颜色。例如，身着红色服装的舞蹈演员在蓝色背景的舞台上演出，可以选中并保留舞蹈演员的红色服装，并将蓝色舞台背景调整为灰色，突出显示舞蹈演员的动作。

11. "Luma Corrector"

"Luma Corrector"（亮度校正）特效可以调整素材在高光、中间色调和阴影状态时的亮度，也可指定色彩范围。

12．"Luma Curves"

"Luma Curves"（亮度曲线）特效用来调节素材的亮度，使用曲线调节器来调节指定的色彩范围。

13．"RGB Color Corrector"

"RGB Color Corrector"（RGB色彩校正器）特效可以调整素材的颜色，包含高光、中间值和阴影，同样也可以指定颜色通道来调整颜色。

14．"RGB Curves"

"RGB Curves"（RGB曲线）特效通过调节颜色曲线来调整颜色，每一条颜色曲线上可以添加16个调节点，也可以指定颜色通道来调整颜色。Curves调整方式的4个曲线图中，水平坐标和垂直坐标分别代表原始亮度级别和亮度值。

15．"Three-Way Color Corrector"

"Three-Way Color Corrector"（三路色彩校正）特效能够细微调整素材的色调、饱和度和亮度，通过精确调节参数来指定颜色范围，可以在合成色修改器中进行校正，参数的调节方法与"Fast Color Corrector"（快速色彩校正器）类似。

16．"Tint"

"Tint"（着色）特效可以修改图像的颜色信息，使图像统一变成另一种色调。

17．"Video Limiter"

"Video Limiter"（视频限幅器）特效会影响并限制素材的亮度和颜色，以满足视频播放设备的需求。

5.6 "Distort" 视频特效组

在"Distort"（扭曲）特效文件夹下，共有11个能够制作扭曲效果的视频特效。

1．"Bend"

"Bend"（弯曲）特效可以使素材产生沿素材水平和垂直方向移动的波浪变形效果，可以根据不同的尺寸和速率产生多个不同的波浪形状，如图5-18所示。

图5-18 "Bend"视频特效

2．"Corner Pin"

"Corner Pin"（边角固定）特效通过分别改变图像的四个顶点使图像产生变形，如伸展、收缩、歪斜和扭曲，模拟透视或者模仿支点在图层上的运动，如图5-19所示。

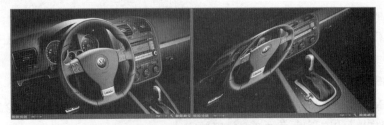

图5-19 "Corner Pin"视频特效

技巧

　　选中"Effects Controls"窗口中的"Corner Pin"特效，在"Program"监视器中的图片上会出现四个控制柄，调整控制柄的位置同样可以改变图片的形状，如图5-20所示。

图5-20 调整控制柄的位置

3. "Lens Distortion"

　　"Lens Distortion"（镜头扭曲）特效可以使画面产生扭曲，可以模拟通过变形透镜来观看素材的效果，在画面发生变形时会自动填充指定色彩，如图5-21所示。

图5-21 "Lens Distortion"视频特效

4. "Magnify"

　　"Magnify"（放大）特效可以将图像的局部呈圆形或方形放大，可以将放入的部分进行羽化、透明等设置，如图5-22所示。

图5-22 "Magnify"视频特效

5．"Mirror"

"Mirror"（镜像）特效可以将图像沿一条线裂开并将其中一边反射到另一边。反射角度决定哪一边被反射到什么位置，可以随时间改变镜像轴线和角度，如图5-23所示。

图5-23　"Mirror"视频特效

6．"Offset"

"Offset"（偏移）特效可以对原始图片进行偏移复制，如图5-24所示。

图5-24　"Offset"视频特效

7．"Spherize"

"Spherize"（球面化）特效可以将素材包裹在球形上，可以使图像或者文字产生三维球面凸起效果，如图5-25所示。

图5-25　"Spherize"视频特效

8．"Transform"

"Transform"（变换）特效可以对素材应用二维几何转换效果，可以沿着任意轴向使素材歪斜，如图5-26所示。

图5-26　"Transform"视频特效

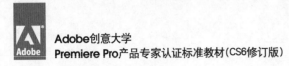
9．"Turbulent Displace"

"Turbulent Displace"（紊乱置换）特效可以使图片中的图像发生不规则变形，如图5－27所示。

图5－27　"Turbulent Displace" 视频特效

10．"Twirl"

"Twirl"（旋转）特效可以使素材围绕它的中心旋转，形成一个旋涡。

11．"Wave Warp"

"Wave Warp"（波形弯曲）特效可以使素材变形为波浪的形状。

5.7　"Generate" 视频特效组

在"Generate"（生成）特效文件夹下，共有12个能够生成特殊效果的视频特效。

1．"4–Color Gradient"

"4-Color Gradient"（四色渐变）特效可以使图像产生4种颜色的混合渐变。

2．"Cell Pattern"

"Cell Pattern"（蜂巢图案）特效可以使图像产生块状化效果。

3．"Checkerboard"

"Checkerboard"（棋盘）特效可创造国际跳棋棋盘式的长方形图案，并且可以调整方格的透明度，如图5－28所示。

图5－28　"Checkerboard" 视频特效

4．"Circle"

"Circle"（圆形）特效可以创造一个实心圆形或圆环，通过设置它的混合模式来形成素材轨道之间的区域混合效果，如图5－29所示。

图5-29 "Circle"视频特效

5．"Ellipse"

"Ellipse"（椭圆形）特效可以创造一个实心椭圆或椭圆环。

6．"Eyedropper Fill"

"Eyedropper Fill"（吸管填充）特效通过调节采样点的位置，将采样点所在位置的颜色覆盖于整个素材图像上。

7．"Grid"

"Grid"（网格）特效可以创造一组可任意改变的网格，可以作为一个可调节透明度的蒙板用于源素材上，如图5-30所示。

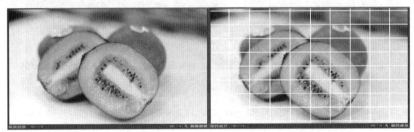

图5-30 "Grid"视频特效

8．"Lens Flare"

"Lens Flare"（镜头光晕）特效通过模拟光线透过摄像机镜头时的折射，产生镜头光晕效果，如图5-31所示。

图5-31 "Lens Flare"视频特效

9．"Lightning"

"Lightning"（闪电）特效可以产生闪电和其他类似放电的效果，并且可以产生动画效果，如图5-32所示。

图5-32 "Lightning"视频特效

10. "Paint Bucket"

"Paint Bucket"(油漆桶)特效可以将一个纯色填充到素材画面中，与Adobe Photoshop软件的油漆桶工具十分类似。

11. "Ramp"

"Ramp"(渐变)特效能够产生线性或放射状颜色渐变，与源图像的内容混合，可以随着时间改变而改变渐变的位置和颜色，如图5-33所示。

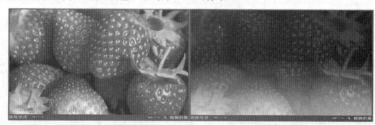

图5-33 "Ramp"视频特效

12. "Write-on"

"Write-on"(书写)特效可以在图像中产生书写的效果，通过为特效设置关键点并不断调整笔触的位置，可以产生水彩画笔的效果。

5.8 实战案例——太阳光辉

⇨ **学习目的**

> 熟悉Premiere Pro CS6添加视频特效的方法，掌握使用Premiere Pro CS6软件制作特殊画面效果的方法

▣ **重点难点**

> 调节层的使用方法
> 镜头光晕效果的创建方法
> 透明度动画的设置方法
> 视频特效的添加与调节

本节通过为视频素材添加镜头光晕视频特效，调整特效的透明度渐变效果，模拟出太阳光的光晕效果，如图5-34所示。

图5-34　太阳光的光晕效果

📁 操作步骤

1．新建项目

01 单击计算机桌面左下角"开始"按钮，在Windows程序列表中找到Premiere Pro CS6并打开。

02 在"Welcome to Premiere Pro CS6"界面中，单击"New Project"按钮新建一个工作项目，如图5-35所示。

图5-35　新建一个工作项目

03 在接下来弹出的"New Project"面板中设置项目文件的存储路径以及名称，单击"OK"按钮确认设置，如图5-36所示。

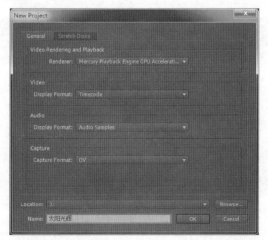

图5-36　设置项目文件的存储路径以及名称

04 在接下来弹出的"New Sequence"面板中选择"HDV 720p25",单击"OK"按钮确认设置,如图5-37所示。

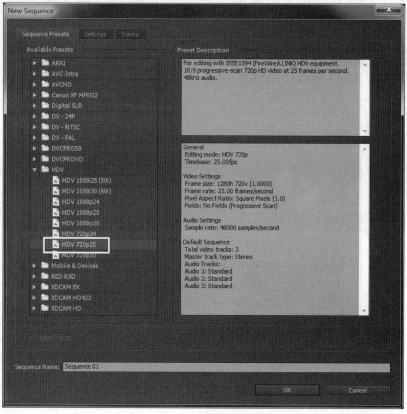

图5-37 选择项目制式

2．导入素材

01 在"Project"项目窗口中的空白区域双击鼠标左键,弹出"Import"对话框,选择"光盘\CH05\太阳光辉",选择文件夹中的素材"阳光.mov",单击"打开"按钮确认导入,如图5-38所示。

图5-38 导入素材文件

02 导入后的素材文件显示在"Project"项目窗口中，如图5-39所示。

图5-39 项目窗口中的素材

03 在"Project"项目窗口中选择素材"阳光.mov"，拖入到序列窗口中的"Video 1"视频轨道中，如图5-40所示。

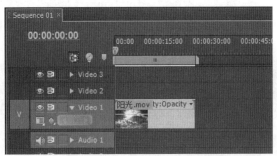

图5-40 将素材置入到序列中

3．创建调节层并调整素材

01 在"Project"项目窗口中，单击右下角的"New Item"按钮，在弹出来的菜单中选择"Adjustment Layer"命令，如图5-41所示。

图5-41 新建调节层

02 接下来弹出"Adjustment Layer"面板，保持默认参数不做修改，如图5-42所示，单击"OK"按钮确认。

03 这时会在"Project"项目窗口中出现一个名字为"Adjustment Layer"的素材片段，效果如图5-43所示。

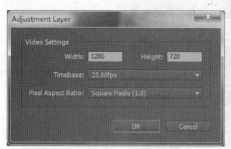

图5-42　调节层参数设置　　　　　　　　图5-43　项目窗口中的调节层

[04] 按住鼠标左键移动素材片段"Adjustment Layer"，并将其拖入序列窗口中的"Video 2"视频轨道中，使其起始位置与素材"阳光.mov"对齐，如图5-44所示。

[05] 在序列窗口中，选择素材片段"Adjustment Layer"，选择"Clip">"Speed/ Duration"命令，在弹出来的"Clip Speed/Duration"对话框中将图片素材的持续时间修改为 "00:00:24:23"，如图5-45所示。

图5-44　调节层放入视频轨道　　　　　　图5-45　修改调节层持续时间

[06] 调整后的素材片段"Adjustment Layer"的持续时间与素材"阳光.mov"一致，如图5-46所示。

图5-46　两端素材持续时间相同

4．添加镜头光晕特效并制作渐变动画

[01] 切换到"Effects"窗口，依次展开"Video Effects">"Generate"，将视频特效 "Lens Flare"拖动到素材片段"Adjustment Layer"上，如图5-47所示。

图5-47　为调节层添加视频特效

02 此时画面上出现镜头光晕效果，但是光晕的位置并不准确，如图5-48所示。

图5-48　光晕效果

03 在序列窗口中选择素材片段"Adjustment Layer"，切换到"Effect Controls"窗口，调整视频特效"Lens Flare"的参数设置，如图5-49所示。

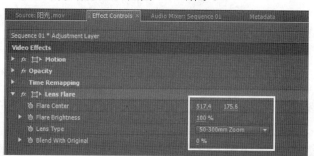

图5-49　调整视频特效参数

04 调整后的画面效果如图5-50所示。

图5-50　调整后的画面效果

05 拉动时间线指针到起始位置"00:00:00:00"处，单击视频轨道"Video 2"的关键帧按钮，此步骤默认为素材片段"Adjustment Layer"添加一个"Opacity"不透明度属性关键帧，如图5—51所示。

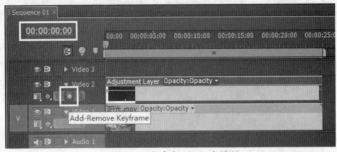

图5—51　为素材添加关键帧

06 拉动时间线指针到"00:00:01:16"处，单击视频轨道"Video 2"的关键帧按钮，如图5—52所示。

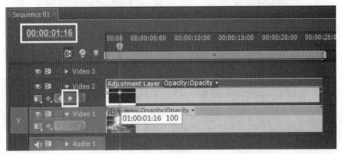

图5—52　为素材添加关键帧

> **提示**
>
> 素材"太阳.mov"画面里的太阳光效果会从"00:00:01:16"处开始被云层遮挡，在此处添加不透明度关键帧，制作镜头光晕渐变消失的动画效果。

07 拉动时间线指针到"00:00:05:01"处，单击视频轨道"Video 2"的关键帧按钮，如图5—53所示。

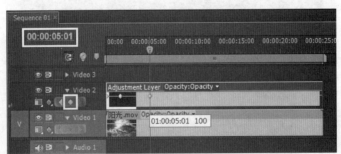

图5—53　为素材添加关键帧

08 在序列窗口中选中素材片段"Adjustment Layer"，切换到"Effect Controls"窗口，调节"Opacity"不透明度属性的参数为"0"，如图5—54所示。

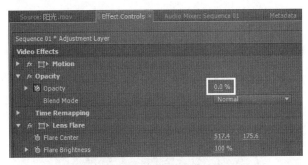

图5-54　调整特效参数

[09] 拉动时间线指针到"00:00:18:09"处，单击视频轨道"Video 2"的关键帧按钮，如图5-55所示。

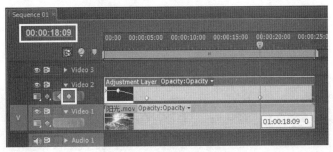

图5-55　为素材添加关键帧

[10] 拉动时间线指针到"00:00:19:23"处，单击视频轨道"Video 2"的关键帧按钮，如图5-56所示。

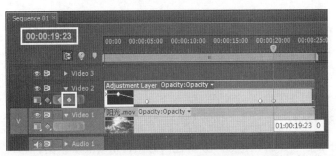

图5-56　为素材添加关键帧

[11] 在序列窗口中选中素材片段"Adjustment Layer"，切换到"Effect Controls"窗口，调节"Opacity"不透明度属性的参数为"100"，如图5-57所示。

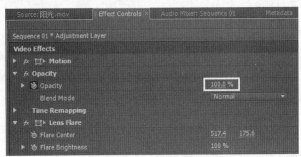

图5-57　调整特效参数

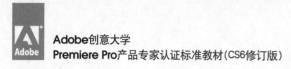

5．渲染输出

01 按"Enter"键预览画面效果，弹出渲染面板，如图5－58所示。

图5－58　渲染进度面板

02 最终我们制作出了随着云层变化而改变的太阳光晕效果，如图5－59所示。

图5－59　项目效果预览

03 确认无误后，进行渲染输出，输出方法参见本书第9章案例。

5.9　"Image Control"视频特效组

在"Image Control"（图像控制）特效文件夹下，共有5个能够调节图像色彩效果的视频特效。

1．"Black & White"

"Black & White"（黑白）特效可以将任何彩色素材变成灰度图。

2．"Color Balance (RGB)"

"Color Balance（RGB）"（色彩平衡(RGB)）特效可以按照RGB颜色模式来调节素材的颜色，达到校正颜色的目的。

3．"Color Pass"

"Color Pass"（色彩传递）特效可以使素材片段中的某种指定颜色保持不变，而把素材片段中其他部分转换为灰色显示，使用这个效果可以突出素材的某个特定区域。

4．"Color Replace"

"Color Replace"（颜色替换）特效可以将选择的颜色替换成一个新的颜色，并保持灰度级别不变。可以通过选择图像中一个物体的颜色，调整控制器产生一个不同的颜色，达到改变物体颜色的目的。

5．"Gamma Correction"

"Gamma Correction"（Gamma校正）特效可以使素材渐渐变亮或变暗，可以保持影像在黑色和高亮区域不变的情况下，改变中间色调的亮度。

5.10 "Keying" 视频特效组

在"Keying"（键控）特效文件夹下，共有15个能够制作键控效果的视频特效。

1．"Alpha Adjust"

"Alpha Adjust"（Alpha调整）特效通过控制素材的Alpha通道来实现抠像效果，如图5－60所示。

图5－60　"Alpha Adjust"视频特效

2．"Blue Screen Key"

"Blue Screen Key"（蓝屏键）特效用在以蓝色为主要背景的画面上。应用此特效后可以使屏幕上的蓝色部分变得透明，如图5－61所示。

图5－61　"Blue Screen Key"视频特效

3．"Chroma Key"

"Chroma Key"（色度键）特效允许用户在素材中选择一种颜色或一个颜色范围，并使之透明，如图5－62所示。

图5－62　"Chroma Key"视频特效

4．"Color Key"

"Color Key"（颜色键）特效可以去掉图像中所指定的颜色，如图5－63所示。

图5－63　"Color Key"视频特效

"Color Key"特效调节参数说明如下。

● "Key Color"（主要颜色）：选择吸管工具图标，按住鼠标并在节目视窗中需要抠去的颜色上单击选取颜色。

● "Color Tolerance"（颜色宽容度）：控制与调整颜色的容差度。容差度越高，与指定颜色相近的颜色被透明得越多；容差度越低，则被透明的颜色越少。

● "Edge Thin"（薄化边缘）：调节透明与非透明边界色彩的混合度。

● "Edge Feather"（羽化边缘）：为素材变换的部分建立柔和的边缘。

5．"Difference Matte"

"Difference Matte"（差异遮罩）特效通过比较两个素材之间的透明度来区分素材表面粗糙的效果，如图5－64所示。

图5－64　"Difference Matte"视频特效

6．"Eight－Point Garbage Matte"

"Eight－Point Garbage Matte"（8点无用信号遮罩）特效可以在画面四周添加8个控制点，并且可以任意调整控制点位置，用来去除图像周围不需要的部分，如图5－65所示。

图5－65　"Eight－Point Garbage Matte"视频特效

7．"Four－Point Garbage Matte"

"Four－Point Garbage Matte"（4点无用信号遮罩）特效可以在画面四周添加4个控制点，并且可以任意调整控制点位置，用来去除图像周围不需要的部分，如图5－66所示。

图5-66 "Four-Point Garbage Matte" 视频特效

8. "Image Matte Key"

"Image Matte Key"（图像遮罩键）特效是在图像的亮度值基础上通过遮罩图像来屏蔽后面的素材图像，透明的区域可以将下方的素材显示出来，如图5-67所示。

图5-67 "Image Matte Key" 视频特效

9. "Luma Key"

"Luma Key"（亮度键）特效可以在选择出图像灰度值的同时保持它的色彩值，常用来在纹理背景上附加影片，是基于图像亮度的键控特效，如图5-68所示。

图5-68 "Luma Key" 视频特效

10. "Non Red Key"

"Non Red Key"（非红色键）特效用于在蓝、绿色背景的画面上创建透明，可以混合两个素材片段或创建一些半透明的对象，适合绿色背景，如图5-69所示。

图5-69 "Non Red Key" 视频特效

11. "RGB Difference Key"

"RGB Difference Key"（RGB差异键）特效类似于"Chroma Key"特效，同样是在素材

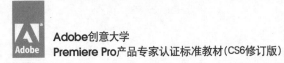

中选择一种颜色或一个颜色范围，并使它们透明。"Chroma Key"特效可以单独调节素材像素的颜色和灰度值，"RGB Difference Key"特效可以同时调节这些内容，并且可以产生投影，如图5—70所示。

图5—70　"RGB Difference Key"视频特效

12. "Remove Matte"

"Remove Matte"（移除遮罩）特效可以移除来自素材的颜色。如果从一个透明通道导入影片或者用After Effects软件创建透明通道，则需要除去来自一个图像的光晕。光晕是由于图像色彩与背景或表面粗糙的色彩之间有较大的差异而引起的，除去或者改变表面粗糙的颜色能除去光晕，如图5—71所示。

图5—71　"Remove Matte"视频特效

13. "Sixteen—Point Garbage Matte"

"Sixteen—Point Garbage Matte"（16点无用信号遮罩）特效是在画面四周添加16个控制点，并且可以任意调整控制点位置，用来去除图像周围不需要的部分，如图5—72所示。

图5—72　"Sixteen—Point Garbage Matte"视频特效

14. "Track Matte Key"

"Track Matte Key"（轨道遮罩键）特效可以把视频轨道上的素材作为透明用的蒙板（也称为遮罩）。可以使用任何轨道上的素材片段或静止图像作为轨道蒙板，可以通过像素的亮度值定义轨道蒙板层的透明度，在使用时需要指定一个视频轨道作为蒙板层，效果如图5—73所示。

图5-73　"Track Matte Key"视频特效

15.　"Ultra Key"

"Ultra Key"（极致键）特效可以快速、准确地在具有挑战性的素材上进行抠像，可以对HD高清素材进行实时抠像，如图5-74所示。这一特效对于照明不均匀、背景不平滑的素材以及人物的卷发都有很好的抠像效果。

图5-74　"Ultra Key"视频特效

5.11　"Noise & Grain"视频特效组

在"Noise & Grain"（噪波与颗粒）特效文件夹中，共有6个能够制作噪波与颗粒效果的视频特效。

1.　"Dust & Scratches"

"Dust & Scratches"（蒙尘与刮痕）特效可以通过改变不同的像素减少噪波。调试不同的范围组合和阈值设置，达到锐化图像和隐藏缺点之间的平衡，参数较高时会产生矢量绘画的效果，如图5-75所示。

图5-75　"Dust & Scratches"视频特效

2.　"Median"

"Median"（中间值）特效使用指定半径内相邻像素的中间像素值。数值较低可以降低噪波，数值较高可以将素材处理成一种艺术效果。

3. "Noise"

"Noise"（噪波）特效可以为素材添加噪波颗粒效果，如图5—76所示。

图5—76　"Noise"视频特效

4. "Noise Alpha"

"Noise Alpha"（噪波 Alpha）特效可以将统一的方形噪波添加到图像的Alpha通道中。

5. "Noise HLS"

"Noise HLS"（噪波HLS）特效可以为指定的色度、亮度、饱和度添加噪波，调整噪波的尺寸和相位。

6. "Noise HLS Auto"

"Noise HLS Auto"（自动噪波HLS）特效与"Noise HLS"（噪波HLS）特效相似。

5.12　"Perspective"视频特效组

在"Perspective"（透视）特效文件夹下，共有5个能够制作透视效果的视频特效。

1. "Basic 3D"

"Basic 3D"（基本3D）特效可以在虚拟三维空间中调整素材，可以围绕水平和垂直轴旋转图像，使之倾斜或远离屏幕，如图5—77所示。还可以使一个旋转的表面产生镜面反射高光。

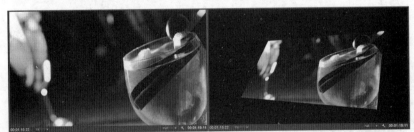

图5—77　"Basic 3D"视频特效

2. "Bevel Alpha"

"Bevel Alpha"（斜边Alpha）特效能够使图像产生三维效果。如果素材没有Alpha通道或Alpha通道是完全不透明的，那么效果就会应用到素材的边缘上，如图5—78所示。

图5-78 "Bevel Alpha"视频特效

3. "Bevel Edges"

"Bevel Edges"（斜角边）特效能使图像边缘产生一个棱角分明的三维效果。边缘位置由图像的Alpha通道确定，如图5-79所示。

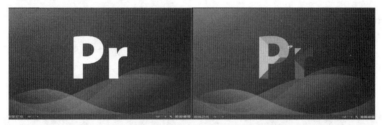

图5-79 "Bevel Edges"视频特效

4. "Drop Shadow"

"Drop Shadow"（投影）特效用于给素材添加一个阴影效果，如图5-80所示。

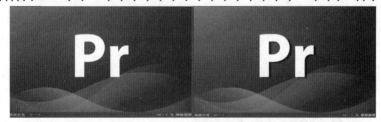

图5-80 "Drop Shadow"视频特效

5. "Radial Shadow"

"Radial Shadow"（径向放射阴影）特效可以产生放射状阴影效果。

5.13 "Stylize" 视频特效组

在"Stylize"（风格化）特效文件夹下，共有13个能够制作不同风格的效果的视频特效。

1. "Alpha Glow"

"Alpha Glow"（Alpha辉光）特效通过对素材的Alpha通道起作用而产生一种辉光效果，如果一段素材拥有多个Alpha通道，那么仅对第一个Alpha通道起作用。

2. "Brush Strokes"

"Brush Strokes"（画笔描绘）特效可以为图像添加一个类似绘画画笔的效果，也可以通过调节参数制作出油画风格的画面。

3．"Color Emboss"

"Color Emboss"（彩色浮雕）特效用于锐化图像中物体的边缘，产生类似重影的效果，如图5—81所示。

图5—81　"Color Emboss"视频特效

4．"Emboss"

"Emboss"（浮雕）特效用于制作浮雕效果，并可以调节与原始图像的混合程度，如图5—82所示。

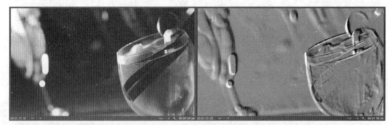

图5—82　"Emboss"视频特效

5．"Find Edges"

"Find Edges"（查找边缘）特效用于识别图像中有显著变化的、明显的边缘，如图5—83所示。

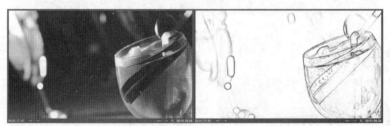

图5—83　"Find Edges"视频特效

6．"Mosaic"

"Mosaic"（马赛克）特效可以使画面变成马赛克拼贴效果。

7．"Posterize"

"Posterize"（海报）特效可以控制影视素材片段的亮度和对比度，产生类似于海报的风格。

8．"Replicate"

"Replicate"（复制）特效可以制作多重画面显示效果，并可以设置分块数目，如图5—84所示。

图5—84　"Replicate"视频特效

9．"Roughen Edges"

"Roughen Edges"（边缘粗糙）特效可以使图像的边缘产生粗糙效果，如腐蚀、影印等，如图5—85所示。

图5—85　"Roughen Edges"视频特效

10．"Solarize"

"Solarize"（曝光过度）特效将产生一个正片与负片之间的混合效果，类似于照片在显影时快速曝光的效果，如图5—86所示。

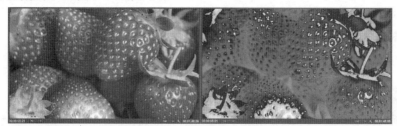

图5—86　"Solarize"视频特效

11．"Strobe Light"

"Strobe Light"（闪光灯）特效用于模拟频闪或闪光灯的闪白效果。

12．"Texturize"

"Texturize"（纹理材质）特效可以使当前素材看起来具有其他轨道上的素材的纹理效果，使用时需要设置一个视频轨道作为纹理层，如图5—87所示。

图5—87　"Texturize"视频特效

13. "Threshold"

"Threshold"（阈值）特效将素材转化为黑白两色显示，通过调整参数来影响素材的变化，如图5-88所示。

图5-88 "Threshold"视频特效

5.14 "Time"视频特效组

在"Time"（时间）特效文件夹下，共有2个能够制作时间变形效果的视频特效。

1. "Echo"

"Echo"（重影）特效可以混合一个素材中很多不同的时间帧，可以产生一个从简单的视觉回声到飞奔的动感效果，应用Echo特效后，之前所有添加的特效均做无效处理。

2. "Posterize Time"

使用Posterize Time（抽帧）特效后素材将被锁定到一个指定的帧率，以跳帧播放产生动画效果，能够生成抽帧（类似木偶动作）的效果。

5.15 "Transform"视频特效组

在"Transform"（变形）特效文件夹下，共有7个能够制作图像变形效果的视频特效，常用的视频特效如下。

1. "Edge Feather"

"Edge Feather"（羽化边缘）特效可以使素材片段的边缘产生羽化效果，如图5-89所示。

图5-89 "Edge Feather"视频特效

2．"Horizontal Flip"

"Horizontal Flip"（水平翻转）特效可以使素材水平翻转产生反向效果，如图5—90所示。

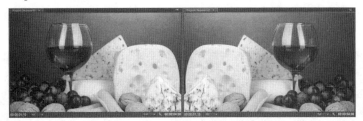

图5—90　"Horizontal Flip"视频特效

3．"Vertical Flip"

"Vertical Flip"（垂直翻转）特效可以使素材产生垂直翻转的效果。

5.16　"Transition"特效组

在"Transition"（过渡）特效文件夹下，共有5个能够制作过渡效果的视频特效，常用的视频特效如下。

1．"Block Dissolve"

"Block Dissolve"（块溶解）特效可以使素材产生随机的块状消失效果，并过渡到下一个素材画面，如图5—91所示。

图5—91　"Block Dissolve"视频特效

2．"Linear Wipe"

"Linear Wipe"（线性擦除）特效将素材图像的一边向另一边抹去，显示出底层素材图像，如图5—92所示。

图5—92　"Linear Wipe"视频特效

3．"Radial Wipe"

"Radial Wipe"（径向擦除）特效指定素材的一个点为中心，进行旋转过渡，并显示出后

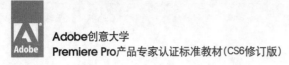

面的素材画面。

4．"Venetian Blinds"

"Venetian Blinds"（百叶窗）特效可以将图像分割成类似百叶窗的长条状，产生百叶窗划过的画面效果，如图5-93所示。

图5-93　"Venetian Blinds"视频特效

5.17 "Utility" 视频特效组

在"Utility"（实用）特效文件夹下，只有一项用来实现电影转化效果的视频特效："Cineon Converter"（Cineon转换）特效，它可以提供一个高度数的Cineon图像的颜色转换器。

"Cineon Converter"特效调节参数说明如下。

● "Conversion Type"（转换类型）：指定Cineon文件转换的方式。
● "10 Bit Black Point"（10位黑场）：为转换为10位对数的Cineon层指定黑点。
● "Internal Black Point"（内部黑场）：指定黑点在层中的使用方式。
● "10 Bit White Point"（10位白场）：为转换为10位对数的Cineon层指定白点。
● "Internal White Point"（内部白场）：指定白点在层中的使用方式。
● "Gamma"（灰度系数）：指定中间色调值。
● "Highlight Rolloff"（高光衰减）：设定输出值，校正高亮区域的亮度。

5.18 "Video" 特效组

在"Video"（视频）特效文件夹下，只有一项视频特效："Timecode"（时间码）特效，"Timecode"特效可以为素材添加时间码显示，如图5-94所示。

图5-94　"Timecode"视频特效

5.19 综合案例——拍照瞬间

学习目的

> 熟悉Premiere Pro CS6添加视频特效的方法，掌握使用Premiere Pro CS6软件制作特殊画面效果的方法

重点难点

> 图片素材持续时间的设置方法
> 视频特效的添加与调节

本节通过调整图片素材的持续时间与摆放位置，为图片素材添加视频特效，模拟出拍照时产生的反转片效果，如图5-95所示。

图5-95　拍照反转片效果

操作步骤

1. 新建项目

01 单击计算机桌面左下角"开始"按钮，在Windows程序列表中找到Premiere Pro CS6并打开。

02 在"Welcome to Premiere Pro"界面中，单击"New Project"按钮新建一个工作项目，如图5-96所示。

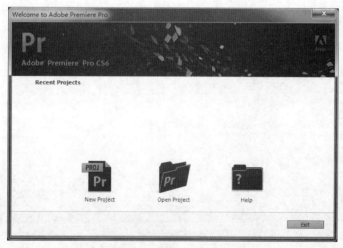

图5-96　新建一个工作项目

03 在接下来弹出的"New Project"面板中设置项目文件的存储路径以及名称，单击

"OK"按钮确认设置，如图5-97所示。

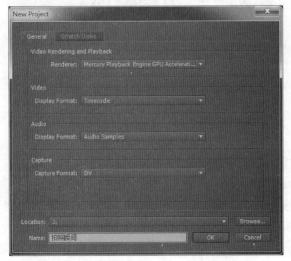

图5-97 设置项目文件的存储路径以及名称

04 在接下来弹出的"New Sequence"面板中选择"HDV 720p25"，单击"OK"按钮确认设置，如图5-98所示。

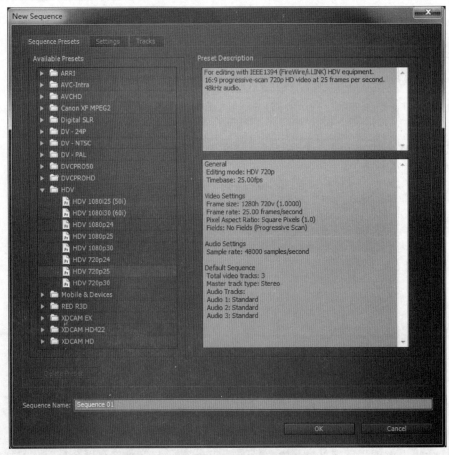

图5-98 选择项目制式并设置序列名称

2．导入素材

01 在"Project"项目窗口中的空白区域双击鼠标左键，弹出"Import"对话框，选择"光盘\CH05\拍照瞬间"，选择文件夹中3个图片素材，单击"打开"按钮确认导入，如图5－99所示。

图5－99　导入素材文件

02 导入过程中弹出"Import Layered File：03"对话框，保持默认参数，单击"OK"按钮，如图5－100所示。

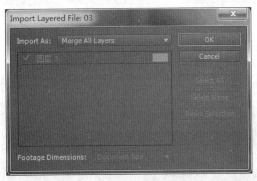

图5－100　导入分层文件对话框

03 在"Project"项目窗口中选择图片素材"01.jpg"和"02.jpg"，拖入序列窗口中的"Video 1"视频轨道中，如图5－101所示。

图5－101　将素材置入序列中

3．调整素材

01 在序列窗口中，选择图片素材"01.jpg"，选择"Clip" > "Speed/Duration"命令，在弹出来的"Clip Speed/Duration"对话框中将图片素材的持续时间修改为"00:00:02:14"，如图5－102所示。

图5－102　调整素材持续时间

02 调整后的图片素材"01.jpg"持续时间变短，如图5－103所示。

图5－103　调整后的图片素材

03 重复步骤2，将图片素材"02.jpg"的持续时间也修改为"00:00:02:14"，效果如图5－104所示。

图5－104　调整后的图片素材

04 按住鼠标左键移动图片素材"02.jpg"，使两段素材衔接在一起，如图5－105所示。

图5－105　将两段素材衔接在一起

⑤5 在"Project"项目窗口中选择图片素材"03.psd",将其拖入序列窗口的"Video 3"视频轨道中,如图5-106所示。

图5-106　置入另一段图片素材

⑥6 重复步骤2,调整图片素材"03.psd"的持续时间为"00:00:05:03",如图5-107所示。

图5-107　调整图片素材持续时间

4．添加并调整视频特效

⑥1 切换到"Effects"窗口,依次展开"Video Effects">"Stylize",将视频特效"Strobe Light"拖动到图片素材"03.psd"上,如图5-108所示。

图5-108　为图片素材添加视频特效

⑥2 在序列窗口中选择图片素材"03.psd",切换到"Effect Controls"窗口,调整视频特效"Strobe Light"的"Strobe Color"参数为纯黑色,如图5-109所示。

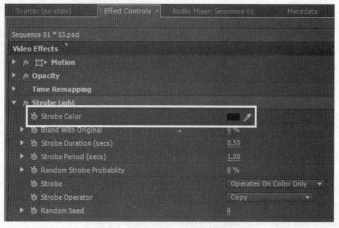

图5-109 调整视频特效参数

03 在"Project"项目窗口中选择图片素材"01.jpg",将其拖入序列窗口的"Video 2"视频轨道中,调整其起始位置为"00:00:01:16",如图5-110所示。

04 在序列窗口中的"Video 2"视频轨道上选择图片素材"01.jpg",选择"Clip">"Speed/Duration"命令,在弹出来的"Clip Speed/Duration"对话框中设置图片素材的持续时间为"00:00:00:06",如图5-111所示。

图5-110 置入图片素材

图5-111 调整素材持续时间

05 切换到"Effects"窗口,依次展开"Video Effects">"Channel",将视频特效"Invert"拖动到"Video 2"视频轨道中的图片素材"01.jpg"上,如图5-112所示。

图5-112 为素材添加视频特效

06 在"Project"项目窗口中选择图片素材"02.jpg",将其拖入序列窗口的"Video 2"视频轨道中,调整其起始位置为"00:00:03:18",如图5-113所示。

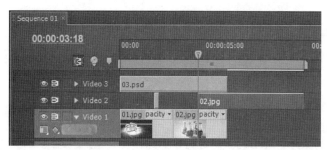

图5-113　调整素材起始位置

[07] 切换到"Effects"窗口，依次展开"Video Effects">"Channel"，将视频特效"Invert"拖动到"Video 2"视频轨道中的图片素材"02.jpg"上，如图5-114所示。

[08] 在序列窗口中的"Video 2"视频轨道上选择图片素材"02.jpg"，选择"Clip">"Speed/Duration"命令，在弹出来的"Clip Speed/Duration"对话框中设置图片素材的持续时间为"00:00:00:06"，如图5-115所示。

图5-114　为素材添加视频特效

图5-115　调整素材持续时间

[09] 调整后的序列窗口内容分布如图5-116所示。

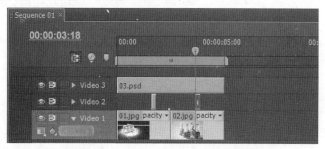

图5-116　调整后的序列窗口内容分布

5．渲染输出

按"Enter"键预览画面效果，如图5-117所示。

图5-117　最终画面效果

5.20 本章习题

一、选择题

1. 下列视频特效中，能够对素材进行抠像操作的有 _____ （多选）

    A．Radial Shadow   B．Ultra Key   C．Luma Key   D．Echo

2. 下列视频特效中，能够对素材进行模糊操作的有 _____ （多选）

    A．Brush Strokes   B．Linear Wipe   C．Channel Blur   D．Fast Blur

3. 下列视频特效中，能够对素材进行风格化操作的有 _____ （多选）

    A．Mosaic   B．Solarize   C．Texturize   D．Color Pass

二、操作题

1. 为一段视频设置浮雕风格，并添加虚幻模糊效果。

2. 为一段视频添加马赛克效果。

3. 为一段视频制作百叶窗效果。

第6章
转场特效

影视作品内容上的结构层次是通过素材段落表现出来的，一个个段落连接在一起，形成完整的作品。素材段落与段落之间，场景与场景之间的过渡或转换称为转场。通过为素材添加转场特效，剪辑人员可以将多个独立的素材和谐地融合成一部完整的影视作品。

学习目标

→ 了解转场的概念
→ 了解"硬切"与"软切"的概念
→ 掌握转场特效的操作流程
→ 掌握转场特效的参数修改方法
→ 了解转场特效的种类和应用效果

6.1 转场特效简述

在剪辑工作中将素材拼接在一起时就已经产生了转场的概念。没有添加任何特效的转场方式被称为硬切，这是最常用也是最基本的转场方式；在相邻素材片段间设置转场特效的转场方式被称为软切。硬切和软切的使用要根据节目的需要来决定，硬切不需要特别设置，软切需要在素材与素材之间添加转场特效。

Premiere Pro CS6中的视频转场特效都存放在"Effects"（特效）窗口的"Video Transitions"（视频转场）文件夹中，在"Effects"窗口的顶部有3个按钮，如图6－1所示。3个按钮分别代表不同的功能选项，有的特效名称后面会带有全部3个或者部分图标，说明此特效支持其中的某些特性。

图6－1　"Effects"窗口的顶部按钮

这3个按钮的说明如下。

（1）　"Accelerated Effects"（可以加速的特效）：带有此图标的特效可以通过显卡加速渲染功能加快渲染速度，只有安装在Adobe官方支持列表内的显卡才可以开启此功能。

（2）　"32-bit Color"（32位色深）：带有此图标的特效支持32位色深模式，颜色效果更加细腻。

（3）　"YUV Effects"（YUV特效）：带有此图标的特效支持YUV色彩模式。

> **注意**
>
> YUV是PAL和SECAM电视制式所采用的一种色彩模式，主要用于优化彩色视频信号的传输，使其向后相容老式黑白电视，解决彩色电视机与黑白电视机的兼容问题，使黑白电视机也能接收彩色电视信号。

6.1.1　添加转场特效操作流程

视频转场效果在影视制作中比较常用，镜头转场效果可以使两段相邻的素材之间产生各式各样的过渡效果。准备添加转场特效的素材片段可以是位于同一个轨道上的两个相邻的素材片段，也可以单独为一个素材片段施加转场特效，但不能为相邻的轨道上有重叠部分的两个素材片段添加转场特效。

为素材添加转场特效的具体操作步骤如下。

（1）启动Premiere Pro CS6软件，在欢迎界面中单击"New Project"（新建项目）按钮，弹出"New Project"对话框，为项目命名为"转场特效"，如图6－2所示。

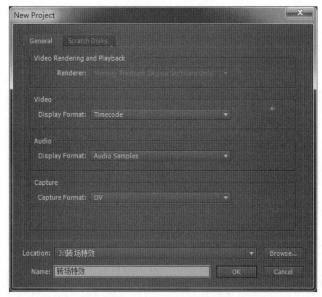

图6－2　在"New Project"对话框中设置项目名称

（2）在"New Project"对话框中单击"OK"按钮确认之后，弹出"New Sequence"（新建序列）对话框，选择"HDV" > "HDV 720p25"，如图6－3所示，单击"OK"按钮确认。

图6－3　选择项目制式

（3）在"Project"（项目）窗口中的空白区域双击鼠标左键，弹出"Import"（导入）对话框，进入"光盘\CH06\转场特效"文件夹，选择两幅图片素材，如图6-4所示，单击"打开"按钮确认导入。

图6-4 导入素材

（4）在"Project"窗口中选择第一个素材文件"A.jpg"，按住鼠标左键并拖至"Sequence"（序列）窗口中的"Video 1"轨道上，再选择第二个素材文件"B.jpg"，按住鼠标左键并拖至"Sequence"（序列）窗口中的"Video 1"轨道上，并使其放在素材"A.jpg"之后，如图6-5所示。

图6-5 置入素材B

（5）切换到"Effects"（特效）窗口，展开"Video Transitions"（视频转场）文件夹，选择"Page Peel"（卷页）文件夹下的"Center Peel"（中心剥落）转场特效，按住鼠标左键将该特效拖至两段素材的结合处，如图6-6所示。

图6-6 添加转场特效

（6）按"Space"键进行播放，效果如图6-7所示。

图6-7　"Center Peel"转场特效

　　如果加入转场特效的素材的出点和入点没有可扩展区域，已经到头，那么系统会自动在出点和入点处根据转场特效的时间加入一段静止画面来过渡。

　　当把一个新的转场特效施加到一个现有的转场部分后，新的转场特效将替换原有的转场方式。

6.1.2　调整转场特效参数

　　为素材片段添加转场特效之后，在"Sequence"窗口中的素材上会出现一个重叠区域，如图6-8所示，这个重叠区域就是产生转场效果的范围，可以调整转场特效的持续时间，也可以调整转场特效的各种参数设置，如出点和入点等。

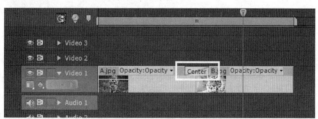

图6-8　转场特效应用范围

1．改变转场特效持续时间

　　在"Sequence"窗口中，选中转场特效，将鼠标指针移动到转场特效的边缘，当鼠标指针变为▓时，按下鼠标左键并拖动就可以拉长或者缩短转场特效的持续时间，如图6-9所示。这种方法的优点是方便快捷，缺点是不容易精确控制时间数值。

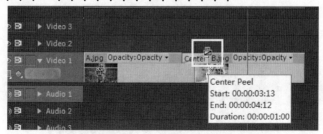

图6-9　通过鼠标拖动改变转场特效持续时间

双击转场特效会自动切换到"Effect Controls"（特效控制）窗口，窗口中会显示当前转场特效的各种参数，如图6－10所示。调节"Duration"（持续时间）参数的数值就可以精确地控制转场特效的持续时间。

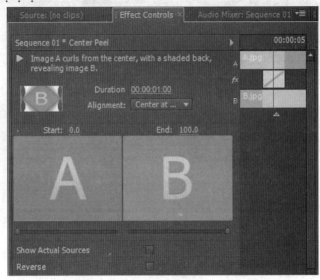

图6－10　通过参数调节改变转场特效持续时间

2. 改变转场特效的作用区域

在"Sequence"窗口中，选中转场特效，移动鼠标光标到转场特效上，按住鼠标左键并向左或者向右拖动，即可改变转场特效的作用区域，如图6－11所示。

图6－11　改变转场特效的作用区域

> **注意**
>
> 调整转场特效作用区域时，"Program"（节目）监视窗口中会分别显示转场素材的出点和入点画面，便于观察调节的效果，如图6－12所示。

图6－12　显示转场素材的出点和入点画面

在"Effect Controls"窗口中也可以调整转场特效的作用区域，"Alignment"（对齐）下拉列表中提供了几种转场对齐方式，如图6－13所示。

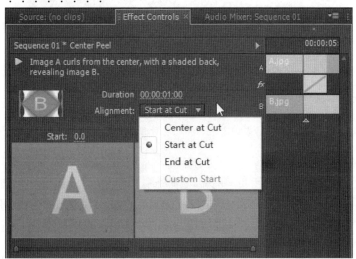

图6－13　调整转场特效的对齐位置

- "Center at Cut"（居中于切点）：转场特效添加在两段素材的中间位置。
- "Start at Cut"（开始于切点）：以素材B的入点位置为准建立切点。
- "End at Cut"（结束于切点）：以素材A的出点位置为转场结束位置。
- "Custom Start"（自定义起始点）：通过鼠标拖动转场特效，自定义转场的起始位置。

3．其他参数调整

在"Effect Controls"窗口中也可以改变转场特效的中心点、起点和终点的数值和边界以及抗锯齿质量设置等参数，如图6－14所示。只有部分转场特效根据特定的参数设置，有的转场特效没有参数设置。

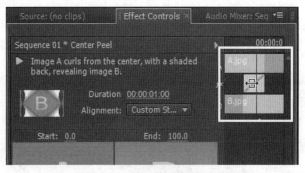

图6－14　转场特效参数设置

4．设置默认转场特效

在"Effects"窗口中，选择"Video Transitions"文件夹中的任意一个转场特效，鼠标右键单击此特效会弹出快捷菜单选项"Set Selected as Default Transitions"（设定当前选择为默认转场），选择此选项就可以将当前选中的特效设置为默认转场特效，如图6－15所示。

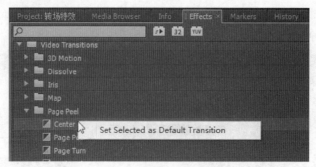

图6-15　将当前选中的转场特效设置为默认转场特效

5．应用默认转场特效

当需要对大量的素材片段应用相同的转场特效时，可以在"Sequence"窗口中同时选中全部素材片段，选择"Sequence" > "Apply Default Transitions to Selection"（应用默认转场到当前选择）命令，便可以将默认的转场特效应用到所有被选中的素材片段上，如图6-16所示。

图6-16　统一添加了转场特效的素材片段

6.2 "3D Motion" 视频转场特效组

"3D Motion"（3D运动）文件夹中共有10个可以产生三维运动效果的转场特效，常用的转场特效如下。

1．"Cube Spin"

使用"Cube Spin"（立方体旋转）转场特效可以产生类似于立方体旋转的三维转场过渡效果，如图6-17所示。

图6-17　"Cube Spin"转场特效

2．"Curtain"

使用"Curtain"（窗帘样式）转场特效可以产生类似于窗帘向左右掀开的转场过渡效果，

如图6—18所示。

图6—18 "Curtain"转场特效

3．"Doors"

使用"Doors"（门）转场特效可以产生开门样式的转场过渡效果，如图6—19所示。

图6—19 "Doors"转场特效

4．"Swing In"

"Swing In"（摆入）转场特效可以使素材以某条边为中心像钟摆一样进入，如图6—20所示。

图6—20 "Swing In"转场特效

5．"Tumble Away"

"Tumble Away"（旋转离开）转场特效可以产生透视旋转效果，如图6—21所示。

图6—21 "Tumble Away"转场特效

6.3 "Dissolve"视频转场特效组

"Dissolve"（叠化）文件夹下共有7个产生融解效果的转场特效，常用转场特效如下。

1．"Additive Dissolve"

使用"Additive Dissolve"（附加叠化）转场特效可以使素材A作为纹理贴图映像给素材B，实现高亮度叠化转场效果，如图6-22所示。

图6-22　"Additive Dissolve"转场特效

2．"Cross Dissolve"

"Cross Dissolve"（交叉叠化）转场特效是指两个素材叠化转换，即前一个素材逐渐消失同时后一个素材逐渐显示，如图6-23所示。

图6-23　"Cross Dissolve"转场特效

3．"Dip to Black"

使用"Dip to Black"（黑场过渡）转场特效可以使前一个素材逐渐变黑，然后后一个素材由黑逐渐显示，如图6-24所示。

图6-24　"Dip to Black"转场特效

4．"Dip to White"

"Dip to White"（白场过渡）转场特效与"Dip to Black"转场特效相似，它可以使前一个素材逐渐变白，然后使后一个素材画面逐渐显示，如图6-25所示。

图6-25　"Dip to White"转场特效

5．"Film Dissolve"

"Film Dissolve"（电影式叠化）是一种能够混合线性颜色空间的转场特效，使用后会使画面显得更加真实，如图6－26所示。

图6－26 "Film Dissolve"转场特效

6． "Random Invert"

"Random Invert"（随机反相）转场特效在默认设置时，开始位置的素材先以随机块形式反转色彩，然后结束位置的素材以随机块形式逐渐显示，效果转换如图6－27所示。

图6－27 "Random Invert"转场特效

6.4 "Iris"视频转场特效组

"Iris"（光圈）文件夹中共包括7个以光圈扫像方式产生过渡效果的转场视频特效，其中常用的转场特效如下。

1． "Iris Box"

使用"Iris Box"（盒形划像）转场特效可以产生矩形扩展或收缩的转场效果，如图6－28所示。

图6－28 "Iris Box"转场特效

2． "Iris Cross"

使用"Iris Cross"（划像交叉）转场特效可以产生十字交叉状的转场效果，效果与"Iris Box"类似。

3． "Iris Diamond"

使用"Iris Diamond"（菱形划像）转场特效可以产生菱形的转场效果，效果与"Iris Box"类似。

4．"Iris Shapes"

使用"Iris Shapes"（形状划像）转场特效可以使用自定义的形状进行转场过渡，效果与"Iris Box"类似。

5．"Iris Star"

使用"Iris Star"（星形划像）转场特效可以产生五角星样式的转场效果，效果与"Iris Box"类似。

6.5 "Map"视频转场特效组

"Map"（映射）文件夹中包括两个以映射方式过渡的转场视频特效。

1．"Channel Map"

"Channel Map"（通道映射）转场特效可以从素材A和B选择通道并映射到输出画面，在应用该转场特效时，会弹出参数设置框，如图6—29所示。

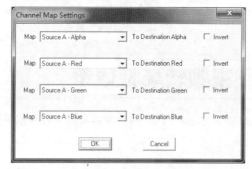

图6—29 "Channel Map Settings"转场特效参数设置

2．"Luminance Map"

"Luminance Map"（明亮度映射）转场特效可以将素材A的亮度映射到素材B。

6.6 "Page Peel"视频转场特效组

"Page Peel"（卷页）文件夹中共有5个视频卷页转场特效，常用转场特效如下。

1．"Page Peel"

使用"Page Peel"（页面剥落）转场特效可以产生卷页转换的效果，如图6—30所示。

图6—30 "Page Peel"转场特效

2．"Page Turn"

"Page Turn"（翻页）转场特效和"Page Peel"转场特效类似，只是在素材A被卷起时，背面卷页部分仍然显示素材A的画面，如图6－31所示。

图6－31　"Page Turn"转场特效

3．"Peel Back"

使用"Peel Back"（剥开背面）转场特效可以使素材A由中央呈四块分别被卷走，显示出素材B，如图6－32所示。

图6－32　"Peel Back"转场特效

4．"Roll Away"

使用"Roll Away"（卷走）转场特效可以使素材A产生像纸一样被卷起来的转场效果，如图6－33所示。

图6－33　"Roll Away"转场特效

6.7 "Slide" 视频转场特效组

"Slide"（滑动）文件夹中共包括12个可以产生滑动效果的视频转场特效，常用的转场特效如下。

1．"Band Slide"

使用"Band Slide"（带状滑动）转场特效可以使素材B以条状形态介入，并逐渐覆盖素材A，如图6－34所示。

图6-34 "Band Slide" 转场特效

2."Center Split"

使用"Center Split"（中心拆分）转场特效可以使素材A从中心分裂为四块，向四角滑出，显现出素材B，如图6-35所示。

图6-35 "Center Split" 转场特效

3."Multi-Spin"

使用"Multi-Spin"（多旋转）转场特效可以使素材B被分割成若干个小方格旋转铺入，如图6-36所示。

图6-36 "Multi-Spin" 转场特效

4."Sliding Boxes"

"Sliding Boxes"（滑动框）转场特效与"Band Slide"转场特效类似，其素材B的形成更像是积木的累积，转场效果如图6-37所示。

图6-37 "Sliding Boxes" 转场特效

5."Swirl"

使用"Swirl"（旋涡）转场特效可以将素材B打破为若干方块从素材A中旋转而出，如图6-38所示。

图6-38　"Swirl"转场特效

6.8　"Special Effect"视频转场特效组

"Special Effect"（特殊效果）文件夹中共包括3个视频转场特效。

1．"Displace"

"Displace"（置换）转场特效以处于时间线前方的片段作为位移图，以其像素颜色值的明暗，分别用水平和垂直的错位来影响与其进行转场的片段。

2．"Texturize"

使用"Texturize"（纹理）转场特效可以产生纹理贴图效果，如图6-39所示。

图6-39　"Texturize"转场特效

3．"Three-D"

使用"Three-D"（映射红蓝通道）转场特效可以把开始的素材A映射给结束素材B的红通道和蓝通道。

6.9　"Stretch"视频转场特效组

"Stretch"（伸展）文件夹下共有4个转场视频效果。

1．"Cross Stretch"

使用"Cross Stretch"（交叉伸展）转场特效可以使素材从一个边伸展进入，同时另一个素材收缩消失。

2．"Stretch"

"Stretch"（伸展）转场特效类似"Cross Stretch"转场效果，素材从一个边伸展进入，逐渐覆盖另一个素材，转场效果如图6-40所示。

图6-40　"Stretch"转场特效

3．"Stretch In"

使用"Stretch In"（伸展进入）转场特效可以使素材B从画面中心处放大伸展进入，并结合叠化效果。

4．"Stretch Over"

使用"Stretch Over"（伸展覆盖）转场特效可以使素材B从画面中心线处放大伸展进入。

6.10　"Wipe"视频转场特效组

"Wipe"文件夹中共包括17个扫像方式过渡的转场视频效果，常用的转场特效如下。

1．"Band Wipe"

使用"Band Wipe"（带状擦除）转场特效可以使素材B从水平方向以条状进入并覆盖素材A，转场效果如图6-41所示。

图6-41　"Band Wipe"转场特效

2．"Checker Board"

使用"Checker Board"（棋盘）转场特效可以使素材A以棋盘方式消失而过渡到素材B，转场效果如图6-42所示。

图6-42　"Checker Board"转场特效

3．"Clock Wipe"

使用"Clock Wipe"（时钟式划变）转场特效可以使素材A以时钟转动的方式过渡到素材

B，效果如图6-43所示。

图6-43 "Clock Wipe"转场特效

4．"Pinwheel"

使用"Pinwheel"（风车）转场特效可以使素材B以风轮状旋转覆盖素材A，如图6-44所示。

图6-44 "Pinwheel"转场特效

5．"Radial Wipe"

使用"Radial Wipe"（径向划变）转场特效可以使素材B从素材A的一角扫入画面，如图6-45所示。

图6-45 "Radial Wipe"转场特效

6．"Random Blocks"

使用"Random Blocks"（随机块）转场特效可以使素材B以方块状随机出现覆盖素材A，如图6-46所示。

图6-46 "Random Blocks"转场特效

7．"Venetian Blinds"

使用"Venetian Blinds"（软百叶窗）转场特效可以使素材B在逐渐加粗的线条中慢慢显示，类似于百叶窗效果，如图6-47所示。

图6—47 "Venetian Blinds"转场特效

6.11 "Zoom"视频转场特效组

"Zoom"（缩放）文件夹中共包含4个以缩放方式过渡的视频转场特效，常用的转场特效如下。

1."Zoom"

使用"Zoom"（缩放）转场特效可以使素材B从素材A中放大出现，如图6—48所示。

图6—48 "Zoom"转场特效

2."Zoom Boxes"

使用"Zoom Boxes"（缩放框）转场特效可以将素材B分为多个方块并从素材A中放大出现，转场效果如图6—49所示。

图6—49 "Zoom Boxes"转场特效

3."Zoom Trails"

使用"Zoom Trails"（缩放拖尾）转场特效可以使素材A缩小消失并带有拖尾效果，如图6—50所示。

图6—50 "Zoom Trails"转场特效

6.12 综合案例——草原风光

学习目的

> 熟悉Premiere Pro CS6添加转场特效的方法，掌握调节转场特效参数的方法

重点难点

> 设置默认转场特效的方法
> 批量应用转场特效的方法
> 调整转场特效的持续时间和作用范围

本节通过讲述为电子相册中的图片素材添加转场特效的方法，制作一部带有"Additive Dissolve"附加叠化转场效果的电子相册，效果如图6-51所示。

图6-51　附加叠化转场效果

操作步骤

1．新建项目

01 单击计算机桌面左下角"开始"按钮，在Windows程序列表中找到Premiere Pro CS6并打开。

02 在"Welcome to Premiere Pro"界面中，单击"New Project"按钮新建一个工作项目，如图6-52所示。

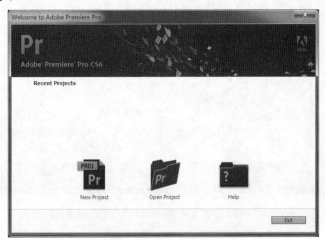

图6-52　新建一个工作项目

03 在接下来弹出的"New Project"面板中设置项目文件的存储路径以及名称，单击"OK"按钮确认设置，如图6—53所示。

图6—53　设置项目文件的存储路径以及名称

04 在接下来弹出的"New Sequence"面板中选择"HDV 720p25"，单击"OK"按钮确认设置，如图6—54所示。

图6—54　选择项目制式并设置序列名称

2. 导入素材

01 在"Project"项目窗口中的空白区域双击鼠标左键，弹出"Import"对话框，选择

"光盘\CH06\草原风光"，选择文件夹中的5个图片素材，单击"打开"按钮确认导入，如图6—55所示。

图6—55　导入素材文件

02 在"Project"项目窗口中选择所有导入的图片素材，拖入序列窗口中的"Video 1"视频轨道中，如图6—56所示。

图6—56　将素材置入到序列中

3．批量添加转场特效

01 切换到"Effects"窗口，依次展开"Video Transitions" > "Disslove"，发现"Cross Dissolve"转场特效为默认的转场特效，如图6—57所示。

02 在"Additive Dissolve"转场特效的名称上单击鼠标右键，弹出"Set Selected as Default Transition"快捷菜单，单击此选项，将"Additive Dissolve"转场特效设置为默认转场特效，如图6—58所示。

图6—57　默认的"Cross Dissolve"转场特效

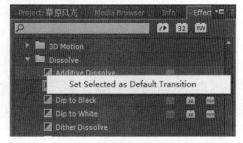

图6—58　设置默认转场特效

03 在序列窗口中，使用鼠标左键框选全部图片素材，如图6—59所示。

图6-59 在序列窗口中框选全部图片素材

04 选择"Sequence" > "Apply Default Transitions to Selection"命令，为所有图片素材应用"Additive Dissolve"转场特效，"Additive Dissolve"转场特效被批量添加到所有图片素材之间，如图6-60所示。

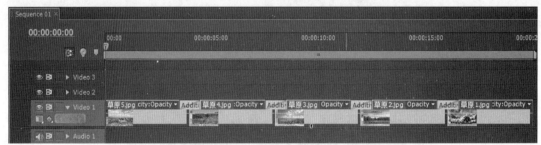

图6-60 图片素材之间的转场特效

4．调整转场特效参数

01 在序列窗口中选择一段转场特效，双击特效，切换到"Effect Controls"窗口，如图6-61所示。

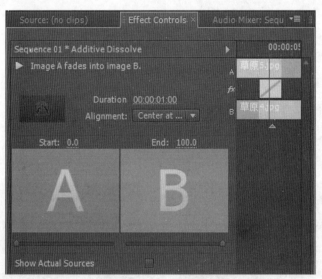

图6-61 转场特效参数设置窗口

02 在"Alignment"（对齐方式）选项中选择"End at Cut"结束于裁切点，如图6-62所示，将转场特效的应用范围修改为结束于裁切点。

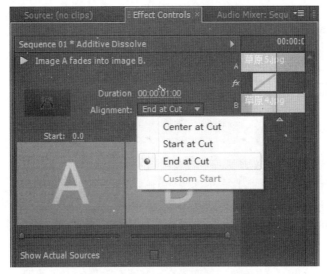

图6-62　设置转场特效对齐位置

03 将"Duration"选项的数值设置为"00:00:01:15",将默认的转场特效持续时间由1s修改为1s15帧,如图6-63所示。重复此操作,对序列窗口中的其他素材上的转场特效参数也进行修改。

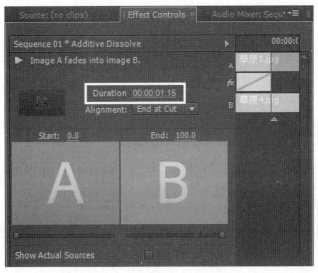

图6-63　调整转场特效持续时间

5.查看效果

01 按"Enter"键,预览转场效果,如图6-64所示。

图6-64　项目效果预览

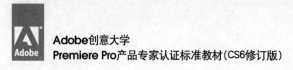

02 重复步骤"4.调整转场特效参数",调整其他图片素材的转场特效的应用范围和持续时间,确认无误后渲染输出。输出方法参见本书第9章案例。

6.13 本章习题

一、选择题

1. 下列视频转场特效中,属于叠化转场特效组的有 _____(多选)

    A. Dip to Black   B. Cross Dissolve   C. Center Merge   D. Random Invert

2. 视频转场特效的对齐方式有 _____(多选)

    A. Center at Cut   B. Start at Cut   C. End at Cut   D. Right at Cut

二、操作题

1. 使用"Band Slide"转场特效制作带有带状滑动效果的电子相册。

2. 使用"Cross Dissolve"转场特效制作带有交叉叠化效果的电子相册。

3. 使用"Dip to Black"转场特效制作带有黑场过渡效果的电子相册。

4. 组合使用"Slide"分组中的转场特效制作带有多种滑动效果的电子相册。

第7章
字幕制作

字幕可以辅助提示各种信息，是影视作品的重要组成部分。Premiere Pro CS6内置字幕编辑器，可以创建不同字体效果的字幕，可以将外部图片置入字幕编辑器中作为字幕的一部分，也可以自行创建一些简单的图像效果。

学习目标

→ 了解字幕编辑器工具按钮的功能
→ 掌握字幕的创建方法
→ 掌握字幕的参数设置
→ 掌握字幕样式的应用
→ 掌握字幕模板的应用和创建方法

7.1 字幕创建操作流程

在Premiere Pro CS6中创建字幕的方法有多种，可以通过软件内置的字幕编辑器创建字幕，也可以将需要添加的字幕制作成图片素材放置在视频轨道上，但不支持导入纯文本文件。一般来讲，字幕的制作主要在字幕编辑器中进行。

选择"Title"（字幕）>"New Title"（新建字幕）>"Default Still"（默认静态字幕）命令，弹出"New Title"对话框，如图7-1所示。

图7-1 "New Title"对话框

在"New Title"对话框中设置符合项目标准的参数并输入字幕名称，单击"OK"按钮打开字幕编辑器，如图7-2所示。

图7-2 字幕编辑器

技巧

在"Project"窗口中的空白区域单击鼠标右键，在弹出的快捷菜单中选择"New Item"（新建元素）>"Title"（字幕）命令，同样会弹出"New Title"对话框，设置参数之后也会打开字幕编辑器。

> **注意**
>
> 单击字幕编辑器"Title Properties"（字幕属性）按钮左侧的 图标，在弹出的下拉菜单中可以选择显示或隐藏安全区域。

在字幕编辑器中使用文本工具输入文字后，关闭字幕编辑器即可完成字幕的创建操作，创建完毕的字幕文件会显示在项目窗口中，将其拖放到序列窗口中相应的视频轨道上即可。

7.1.1 字幕编辑器工具栏

字幕编辑器窗口左侧上部的工具栏中包括了生成和编辑文字与图形的各种工具，如图7-3所示。使用这些工具，可以实现文字输入、路径绘制和遮罩绘制等功能。

图7-3　字幕编辑器工具栏

工具栏中各按钮的说明如下。

（1）▶ "Selection Tool"（选择工具）：可以选择物体或文字。按住"Shift"键使用选择工具可以同时选中多个物体，直接拖动对象句柄可以改变对象区域和大小。对于贝塞尔曲线物体来说，可以使用选择工具编辑节点。

（2）▣ "Rotation Tool"（旋转工具）：旋转被选择的对象。

（3）**T** "Type Tool"（横排文字工具）：建立并编辑横排文字。

（4）**IT** "Vertical Type Tool"（竖排文字工具）：建立并编辑竖排文字。

（5）▤ "Area Type Tool"（文本框工具）：建立横排段落文字。文本框工具便于输入大量文字，它可以限定一个范围框，调整文字属性时，范围框不会受到影响。

（6）▦ "Vertical Area Type Tool"（竖排文本框工具）：建立竖排段落文字。

（7）**✕** "**Path Type Tool**"（**路径输入工具**）：**建立一段沿路径排列的文字。**

（8）**✕** "**Vertical Path Type Tool**"（**垂直路径输入工具**）：**建立一段沿路径垂直排列的文字。**

（9）**✒** "**Pen Tool**"（**钢笔工具**）：**绘制任意形状的封闭路径或开放路径。**

（10）**✒** "Add Anchor Point Tool"（添加定位点工具）：在线段上增加控制点。

（11）**✒** "Delete Anchor Point Tool"（删除定位点工具）：在线段上减少控制点。

（12）**▶** "Convert Anchor Point Tool"（转换定位点工具）：产生一个尖角或用来调整曲线的圆滑程度。

（13）■"Rectangle Tool"（矩形工具）：绘制矩形。

（14）■"Clipped Corner Rectangle Tool"（切角矩形工具）：绘制矩形，并且对矩形的边界进行剪裁控制。

（15）■"Rounded Corner Rectangle Tool"（圆角矩形工具）：绘制带有圆角的矩形。

（16）■"Rounded Rectangle Tool"（圆矩形工具）：绘制偏圆的矩形。

（17）■"Wedge Tool"（三角形工具）：绘制三角形。

（18）■"Arc Tool"（圆弧工具）：绘制圆弧。

（19）■"Ellipse Tool"（椭圆工具）：绘制椭圆。在拖动鼠标绘制图形的同时按住"Shift"键可以绘制正圆。

（20）■"Line Tool"（直线工具）：绘制直线。

7.1.2 字幕编辑器属性区域

字幕编辑器窗口的右侧是"Title Properties"（字幕属性）参数栏，用于设置文本或者图形对象的参数，包括"Transform"（变换）、"Properties"（属性）、"Fill"（填充）、"Strokes"（描边）、"Shadow"（阴影）、"Background"（背景）六大部分。

1．"Transform"

"Transform"部分包含了文字或者图形对象的变换属性，包括"Opacity"（不透明度）、"X Position"（X轴位置）、"Y Position"（Y轴位置）、"Width"（宽度）、"Height"（高度）和"Rotation"（旋转）六大参数，如图7-4所示。

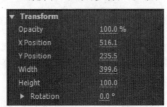

图7-4 "Transform"变换参数区域

2．"Properties"

"Properties"部分包含文字属性的参数设置，如图7-5所示。

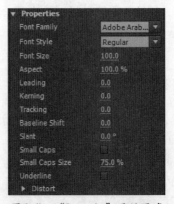

图7-5 "Properties"属性区域

常用参数设置的说明如下。

- "Font Family"（字体）：在下拉列表中包含系统中安装的所有字体，可以在其中选择需要的字体。
- "Font Style"（字体样式）：下拉列表中包含Bold、BoldItalic、Italic、Regular、Semibold、SemiboldItalic等字体样式。
- "Font Size"（字体大小）：设置字体的大小。
- "Aspect"（纵横比）：设置字体的长宽比。
- "Leading"（行距）：设置行与行之间的距离。
- "Tracking"（跟踪）：设置所选字符的间距，调整单个字符间的距离。
- "Underline"（下划线）：在文本下方添加下划线。
- **"Distort"（扭曲）：对文本进行扭曲设置。调节X轴向和Y轴向的扭曲度，产生扭曲的文本形状。**

3. "Fill"

在"Fill"区域中指定文本或者图形的填充状态，使用颜色或者纹理来填充对象。"Fill Type"填充类型选项的下拉菜单中有7个选项，可使用其中一种方式对文字或者图形进行填充。默认情况下使用"Solid"（实地色）方式进行填充，单击"Color"（色彩）框，在弹出的对话框中可以指定对象的颜色。

下拉菜单中常用选项说明如下。

- "Solid"（实地色）：使用一种颜色填充对象。
- "Linear Gradient"（线性渐变）：当选择这种方式进行填充时，"Color"框变为一条渐变颜色条。分别单击颜色条的两个颜色滑块，在弹出的对话框中选择渐变开始和渐变结束的颜色。选择颜色滑块后，按住鼠标左键可以拖动滑块改变位置，以决定该颜色在整个渐变色中所占的比例。
- "Radial Gradient"（放射渐变）：同"Linear Gradient"类似，但是它由"Linear Gradient"的直线发射渐变方式变成了通过圆心向外发射的渐变方式。
- "4 Color Gradient"（四色渐变）：与上面两种渐变方式类似，但是四角上的颜色块允许重新定义。
- "Bevel"（斜角边）：为对象产生一个立体的浮雕效果，如图7-6所示。
- **"Eliminate"（消除）：在消除模式下，字幕对象无法显示，如果对象设置了阴影效果就可以清楚地显示出来。对象被阴影减去部分镂空，其他部分的阴影则被保留下来，如图7-7所示。**

图7-6 带有立体效果的字幕　　　图7-7 "Eliminate"模式下的字幕效果

在"Eliminate"模式下，阴影的尺寸必须大于文字或者图形对象本身尺寸，如果尺寸相同的话不会出现镂空效果。

- "Ghost"（残像）：隐藏对象，保留阴影，与"Eliminate"模式类似，但是对象和阴影没有发生相减的关系，而是完整地呈现了阴影。
- "Sheen"（光泽）：为对象添加光晕和金属等光泽效果。"Color"参数指定光泽的颜色，"Opacity"参数控制光泽的不透明度，"Size"参数控制光泽的大小，使用"Angle"（角度）参数调整光泽的方向，使用"Offset"（偏移）参数影响光泽位置的产生，如图7-8所示。
- "Texture"（纹理）：为对象填充一个纹理。应用纹理效果时，首先确定填充模式不能为"Eliminate"和"Ghost"。勾选"Texture"复选框，单击 图标，弹出"Choose a Texture Image"（选择一个纹理图像）对话框，选择一种纹理，将纹理应用到对象中，同时 图标中显示出了上面选定的纹理，字幕效果如图7-9所示。

图7-8　"Sheen"样式的字幕效果

图7-9　带有"Texture"填充的字幕效果

4．"Strokes"

"Strokes"参数为对象设置描边效果。Premiere Pro CS6提供了两种形式的描边效果："Inner Strokes"（内描边）和"Outer Strokes"（外描边），如图7-10所示。

图7-10　"Inner Strokes"和"Outer Strokes"

在"Inner Strokes"或者"Outer Strokes"选项右边单击"Add"（添加）按钮，添加描边效果，两种描边效果的参数设置基本相同，如图7-11所示。

图7-11　"Inner Strokes"参数设置

以"Inner Strokes"为样本，描边的各调节参数说明如下。

为字幕添加描边效果后，"Type"（类型）下拉列表中可以选择如下描边模式。

● "Edge"（边缘）：传统的描边效果。

● "Depth"（凸出）：使对象产生厚度，实现立体文字效果。

● "Drop Face"（凹进）：使对象产生分离的面，产生透视的投影效果。

5．"Shadow"

勾选"Shadow"参数复选框，为对象添加投影，效果如图7-12所示。

图7-12　带投影效果的字幕

7.1.3　创建文字对象

Premiere Pro CS6的字幕编辑器可以创建类型丰富的文字和图形字幕，能识别每一个作为对象所创建的文字和图形，为这些对象添加各种各样的风格，可提高字幕的观赏性。

1．创建文字对象

字幕编辑器左侧的字幕工具面板中包含多个创建文字对象的工具，用于创建出水平和垂直排列的文字、沿路径行进的文字以及水平和垂直方向的范围段落文字。

（1）创建水平/垂直排列的文字对象。在工具面板中选择"Type Tool"或"Vertical Type Tool"文字工具，将鼠标指针移动到字幕编辑窗口中单击并输入文字，效果如图7-13所示。

（2）创建范围段落文字。在字幕工具面板中选择"Area Type Tool"或"Vertical Area Type Tool"文字工具，将鼠标指针移动到编辑窗口中，按住鼠标左键从左上角向右下角拖出一个矩形文本框，在矩形框内输入文字，如图7-14所示。

图7-13　水平字幕

图7-14　段落文本字幕

（3）创建路径文字。选择字幕工具面板中的"Path Type Tool"或者"Vertical Path Type Tool"文字工具，将鼠标指针移动到窗口中，鼠标指针变为钢笔形状，在要输入文字的位置单击鼠标左键，将鼠标指针移动到另一个位置再单击鼠标左键，创建一条文字路径，如图7—15所示。

（4）在路径上单击输入文字内容，如图7—16所示。

图7—15　创建文字路径　　　　　　　　图7—16　带有弯曲路径的字幕

2．编辑文字对象

（1）文字对象的选择与移动。单击"Selection Tool"工具并单击文字对象，即可选中文字对象，文字对象被选中后，按住鼠标左键拖动就可以移动文字对象，也可以使用键盘方位键对文字对象进行移动操作。

（2）文字对象的缩放与旋转。单击"Rotation Tool"工具并单击文字对象，鼠标指针变为旋转形状，在文字对象边缘的矩形框上有8个控制点，用鼠标拖动控制点，即可实现缩放操作。按住Shift键，还可以进行等比例缩放，如图7—17所示。

图7—17　旋转字幕角度

（3）改变文字对象的方向。单击"Selection Tool"工具并单击文字对象将其选中，选择"Title" > "Orientation"（方向）> "Horizontal"（水平）/ "Vertical"（垂直）命令，改变文字对象的排列方向。

（4）调整文字对象的字体与大小。在字幕编辑器窗口中，展开"Properties"选项区域，可以细微调整文字对象的字体和大小，如图7—18所示。

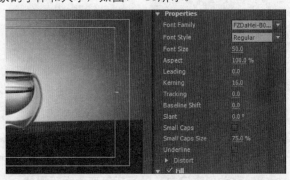

图7—18　"Properties"选项

单击"Selection Tool"工具并单击文字对象将其选中，在文字对象上单击鼠标右键，在弹出的快捷菜单中选择"Font"（字体）或者"Size"（尺寸）命令，也可以选择字体或调整大小，如图7—19所示。

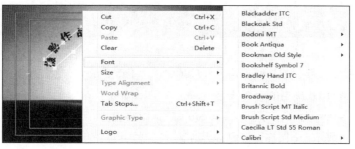

图7—19　"Font"快捷菜单

（5）文字对象的对齐与分布。当添加多个文字对象或者段落范围文本时，可以将多个文字对象或者段落范围文本进行对齐或者调整分布的调节。

单击"Selection Tool"工具，按住"Shift"键，单击鼠标左键依次选择多个文字对象，字幕编辑窗口左下角的"Title Actions"（字幕动作）面板中"Align"（对齐选项）按钮变为高亮可操作状态，单击6个按钮中的任意一个，可以将文字对象进行对齐，如图7—20所示。

图7—20　"Align"对齐工具

"Title Actions"（字幕动作）面板中的"Center"（居中）选项可以使文字对象与背景画面实现垂直居中对齐或者水平居中对齐，如图7—21所示。

图7—21　"Center"对齐字幕

当文字对象达到3个或3个以上时，同时选中它们，"Title Actions"面板中的"Distribute"（分布）按钮组合会变成高亮可编辑状态，单击8个按钮中的任意一个都可以改变文字对象的分布方式，如图7—22所示。

图7-22　"Distribute"分布方式

　　（6）设置跳格文字。在Premiere Pro CS6中，"Tab Stops"（跳格停止）也是一种对齐方式，类似于在Word软件中的无线表格。单击"Selection Tool"工具并选中文字对象，选择"Title" > "Tab Stops"命令，弹出"Tab Stops"（跳格停止）对话框，如图7-23所示。

　　在对话框左上角有3个按钮，分别表示左对齐、居中对齐和右对齐，单击相应的按钮将其选中，并在标尺下分别单击进行标记，如图7-24所示。

图7-23　"Tab Stops"对话框

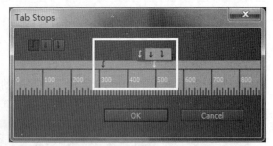

图7-24　设置跳格位置

　　设置完成之后，单击"OK"按钮，得到跳格效果的文字对象，如图7-25所示。

图7-25　"Tab Stops"字幕样式

7.1.4 创建图形对象

　　字幕编辑器工具栏中包括多种图形创建工具，能够创建直线、矩形、圆、多边形等图形，在影视节目的编辑过程中可以方便地绘制一些简单的图形，以满足编辑工作的需要。下面介绍常用图形创建工具的使用方法。

1. 绘制图形

　　在工具箱中选择任意一个绘图工具，将鼠标指针移动到编辑窗口中，按下鼠标左键从左上角拖动到右下角，再释放鼠标，即可绘制出相应的图形，如图7-26所示。

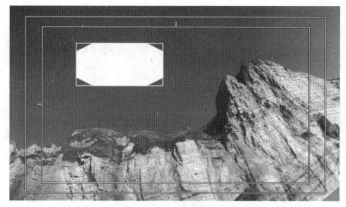

图7-26 绘制任意图形

2. 变换图形形状

　　在工具箱中单击任意一个绘制图形的按钮，在右侧"Properties"选项中，单击"Graphics Type"（绘图类型）右侧的按钮，弹出下拉列表，如图7-27所示。在列表中选择一种形状图形，当前绘制的图形就会转换为列表中选择的形状。

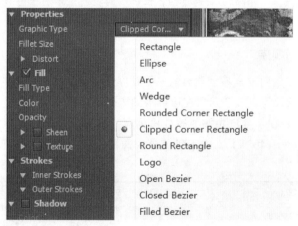

图7-27 "Graphics Type"菜单

3. 用钢笔工具绘制自由图形

　　钢笔工具是Premiere Pro CS6中常用的图形绘制工具，可以建立任意形状的图形。钢笔工具通过"贝塞尔"曲线创建图形，通过调整曲线路径控制点修改路径形状，产生封闭的或开放的路径。

　　在工具箱中选择"Pen Tool"（钢笔工具），将鼠标指针移动到要建立图形的起始点位置，单击绘制第一个控制点，将鼠标指针移动到下一个控制点的位置，单击绘制第二个控制点，继续将鼠标指针移动到下一个控制点的位置，单击绘制第三个控制点，如图7-28所示。

　　多次绘制控制点之后，在曲线结束的位置再次单击鼠标，完成全部线段，如图7-29所示。

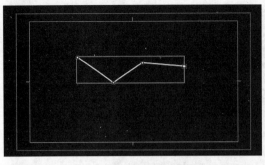

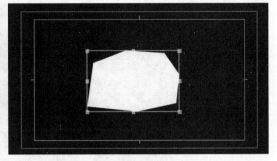

图7-28　绘制其余控制点　　　　　　　　　　　图7-29　闭合图形

注意

在使用钢笔工具绘制图形时，可以在窗口右侧"Properties"选项卡中的"Graphics"选项下拉菜单中转换曲线的类型，如图7-30所示。

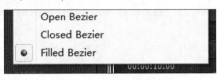

图7-30　曲线的类型

经验

路径上的控制点越多，图形形状越精细，但过多的控制点不利于图形的修改，应适当控制控制点的数量。

4．改变对象排列顺序

字幕编辑器窗口中的对象是按创建时的先后顺序分层排列的，后来创建的对象总是处于上方并遮挡住下面的对象，可以改变对象在窗口中的排列顺序以适应编辑的要求。

单击"Selection Tool"并选中需要改变排列顺序的对象，单击鼠标右键，在弹出的快捷菜单中选择"Arrange"（排列），在下级菜单中选择相应的命令，便可以改变对象的排列顺序，如图7-31所示。

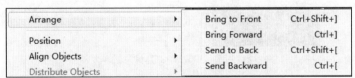

图7-31　"Arrange"菜单

菜单中各选项的说明如下。

- "Bring to Front"（提到最前）：将选择的对象置于所有对象的最顶层。
- "Bring Forward"（提前一层）：使当前对象的排列顺序提前一层。
- "Send to Back"（退到最后）：将选择的对象置于所有对象的最底层。
- "Send Backward"（退后一层）：使当前对象的排列顺序置后一层。

7.1.5 导入标志（Logo）

Premiere Pro CS6提供了导入外部标志Logo到字幕编辑器中的功能。通过这种方式可以构建丰富多彩的字幕画面，满足不同节目的需求。

Premiere Pro CS6支持的Logo文件格式有：AIF、Bitmap、EPS、PCX、Targa、TIFF、JPG、PSD、AI及ICON等。

在字幕编辑器窗口中单击鼠标右键，弹出快捷菜单，选择"Logo" > "Insert Logo"（插入Logo）命令，弹出"Import Image as Logo"（导入图像为标志）对话框，找到存储Logo的目录，选择文件后单击"打开"按钮即可导入，如图7-32所示。

图7-32 "Import Image as Logo"对话框

Premiere Pro CS6可以识别文件中自带的透明通道信息，带有透明通道的文件导入之后会自动识别，如图7-33所示。

图7-33 带有透明通道信息的Logo

🔍 技巧

除了单独插入Logo之外，也可以在文本对象中插入Logo。单击"Type Tool"按钮，在文本中需要插入Logo的地方单击定位光标，再右击鼠标，在弹出的快捷菜单中选择"Logo" > "Insert Logo into Text"（在文本中插入Logo），然后选择Logo文件插入即可。

7.1.6 / 实战案例——电影片尾字幕

> 熟悉Premiere Pro CS6制作动态电影片尾字幕的方法，掌握使用Premiere Pro CS6软件
"Roll"（纵向滚动）字幕功能的使用方法

重点难点

> 字幕模式的选择
> 字幕运动范围的设置

"Roll"（纵向滚动）字幕一般用于制作影片片尾的演职员名单，本案例通过使用
Premiere Pro CS6软件"Roll"字幕功能，制作出电影电视片尾处的滚动字幕效果，如图7-34
所示。

图7-34 电影片尾字幕

操作步骤

01 选择"Title" > "New Title" > "Default Roll"（默认纵向滚动）命令，弹出字幕参数设
置对话框，如图7-35所示，在此对话框中设置字幕的参数为标准HDV 720p25制式并设置字幕
文件名称，单击"OK"按钮确认设置。

02 在弹出的字幕编辑器中，使用🔲文本框工具绘制文本框，输入演职员名单，设置字
体并调整对齐方式，如图7-36所示。

图7-35 "New Title"对话框

图7-36 输入字幕内容

🔍 **技巧**

如果演职员名单非常复杂的话，可以直接从文本文件中复制演职员名单内容，然后粘贴在字幕编辑器的文本框中。

---

03 单击字幕编辑器左上角的 ▤ 按钮，弹出"Roll/Crawl Options"（滚动/游动选项）面板，确认"Title Type"（字幕类型）为"Roll"模式，勾选"Start Off Screen"（起始与屏幕外）和"End Off Screen"（结束于屏幕外）两个复选框，单击"OK"按钮确认，如图7-37所示。

04 关闭字幕编辑器，字幕自动保存在"Project"项目窗口中，如图7-38所示。

图7-37 设置字幕滚动方式

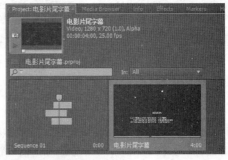

图7-38 字幕文件显示在"Project"窗口中

05 将字幕拖入时间线窗口中的视频轨道上，如图7-39所示。

图7-39 将字幕文件放置到视频轨道上

06 纵向滚动的动态字幕设置完成，按空格键播放字幕，效果如图7-40所示。

图7-40 字幕播放效果

7.1.7 实战案例——游动字幕

➡ **学习目的**

> 熟悉Premiere Pro CS6制作电影电视底部游动字幕的方法，掌握使用Premiere Pro CS6软件"Crawling"（横向游动）字幕功能的使用方法

重点难点

> 字幕模式的选择
> 字幕运动范围的设置

"Crawl"（横向游动）字幕一般用来丰富影片画面效果，或者当字幕内容较多无法用一行文字来实现时也会采用这种方式，本案例通过使用Premiere Pro CS6软件"Crawling"字幕功能，制作出电影电视栏目底部的游动字幕效果，如图7-41所示。

图7-41　游动字幕效果

操作步骤

01 选择"Title" > "New Title" > "Default Crawl"（默认横向游动）命令，弹出字幕参数设置对话框，如图7-42所示，在此对话框中设置字幕的参数为标准HDV 720p25制式并设置字幕文件名称，单击"OK"按钮确认设置。

图7-42　"New Title"对话框

02 在弹出的字幕编辑器中，使用■文字工具输入字幕内容，如图7-43所示。

图7-43　输入字幕内容

03 单击字幕编辑器左上角的■按钮，弹出"Roll/Crawl Options"（滚动/游动选项）面板，确认"Title Type"（字幕类型）为"Crawl Left"（向左游动）或者"Crawl Right"（向右游动）模式，勾选"Start Off Screen"（起始于屏幕外）和"End Off Screen"（结束于屏幕外）两个选项，单击"OK"按钮确认，如图7-44所示。

04 关闭字幕编辑器，字幕自动保存在"Project"项目窗口中，使用鼠标左键，将字幕字幕拖入时间线窗口中的视频轨道上，如图7-45所示。

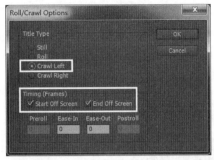

图7-44　设置字幕游动方式　　　　图7-45　将字幕文件放置到视频轨道上

05 横向游动的动态字幕设置完成，按空格键播放字幕，效果如图7-46所示。

图7-46　字幕播放效果

7.2　字幕样式

Premiere Pro CS6提供了丰富的字幕样式模板，通过为字幕添加各种风格的样式效果，能创作出多种多样的字幕。

7.2.1　应用字幕样式

字幕编辑器下方是"Title Style"（字幕样式）面板，面板中包含了软件自带的字幕样式，如图7-47所示。

文字对象创建完成后，选中文字对象，在"Title Style"面板中选择一个字幕样式，将样式应用到文字对象上，如图7-48所示。

图7-47　"Title Style"面板　　　　图7-48　应用了字幕样式的字幕

7.2.2 / 创建字幕样式

在日常编辑操作中会创作出满足特定需要的字幕样式，将这些字幕样式效果保存下来并应用到其他项目中去，可以提高工作效率，Premiere Pro CS6提供了定制字幕样式的功能。

选择设置好样式效果的字幕对象；单击"Title Style"（字幕样式）面板右上角的菜单按钮，选择"New Style"（新建样式），弹出"New Style"对话框，如图7-49所示。

图7-49　"New Style"对话框

在"Name"（名称）文本框中输入样式效果的名称，单击"OK"按钮，新建的样式效果就会被保存在"New Title"面板中。

7.3　字幕模板

Premiere Pro CS6提供了许多预先设置完成的字幕样式，称为"Templates"（字幕模板）。这些模板制作精致，涵盖面广，可以满足日常工作的需要，提高工作效率。

7.3.1 / 安装字幕模板

选择"Title">"Templates"（模板）命令，弹出"Templates"对话框，如图7-50所示。

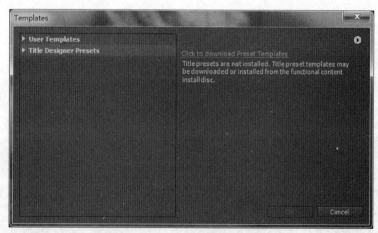

图7-50　空白的"Templates"对话框

普通版本的Premiere Pro CS6并不包含字幕模板，当打开字幕模板面板时会发现面板中是空白的，单击面板右侧"Click to download Preset Templates"，会自动连接到Adobe官方网站的下载页面，如图7-51所示。

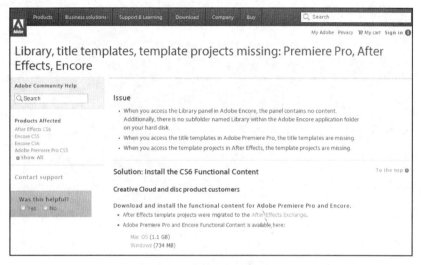

图7-51　字幕模板下载页面

请根据自己所使用的计算机操作系统来选择相对应的下载链接，在Windows系统中下载完成会得到一个名为"PremiereProCS6ContentWin.zip"的压缩包，解压缩之后根据提示安装即可，安装时请先退出Premiere Pro CS6。

7.3.2 / 应用字幕模板

安装完毕后，再次打开软件，选择"Title">"Templates"（模板）命令，弹出"Templates"对话框，如图7-52所示。

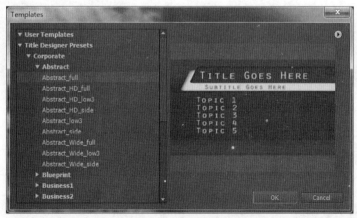

图7-52　"Templates"对话框

在对话框左边的"Title Designer Presets"（字幕预设）分类下选择一个模板，单击"OK"按钮，打开字幕编辑器窗口，当前选择的模板会出现在字幕编辑器窗口中，如图7-53所示。

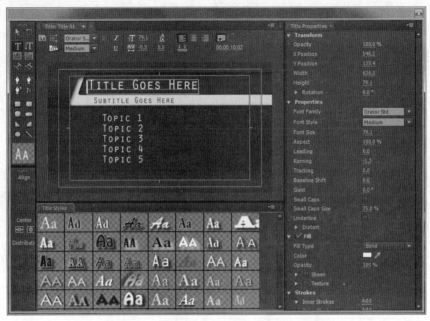

图7-53　字幕编辑器中显示字幕模板效果

7.3.3　保存字幕模板

在"Templates"对话框中，单击窗口右上角的圆底三角按钮，在弹出的菜单中选择第一项"Import Current Titles as Template"（导入当前字幕为模板）命令，弹出"Save As"（另存为）对话框，如图7-54所示。

单击"OK"按钮将当前的字幕编辑器的内容保存为模板文件，出现在"User Templates"（用户模板）分类下，方便编辑和调用，如图7-55所示。

图7-54　"Save As"对话框

图7-55　被保存的自定义字幕模板

7.4　综合案例——节目预告

学习目的

> 掌握使用Premiere Pro CS6软件添加字幕的方法

重点难点

> 调整字幕的字体、风格与摆放位置

> 创建图形对象的应用

> 游动字幕的参数设置

使用Premiere Pro CS6字幕工具可以方便地创建各种样式的字幕效果，通过对字幕进行游动效果的设置，可以制作出完整的节目预告片花，如图7—56所示。

图7—56　节目预告片最终效果

📁　**操作步骤**

1. 新建项目

01 单击计算机桌面左下角"开始"按钮，在Windows程序列表中找到Premiere Pro CS6并打开。

02 在"Welcome to Premiere Pro"界面中，单击"New Project"按钮新建一个工作项目，如图7—57所示。

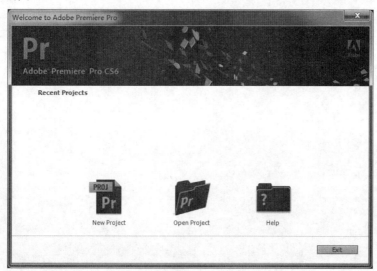

图7—57　新建一个工作项目

03 在接下来弹出的"New Project"面板中设置项目文件的存储路径以及名称，单击"OK"按钮确认设置，如图7—58所示。

04 在接下来弹出的"New Sequence"面板中选择"HDV 720p25"，单击"OK"按钮确认设置，如图7—59所示。

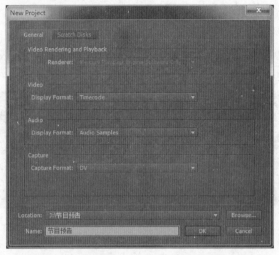

图7-58　设置项目文件的存储路径以及名称

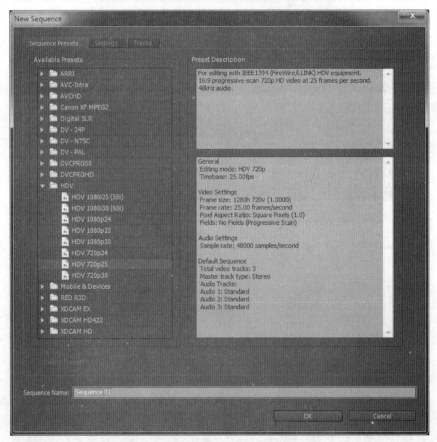

图7-59　选择项目制式并设置序列名称

2．导入背景动画素材

01 在"Project"项目窗口中的空白区域双击鼠标左键，弹出"Import"对话框，打开"光盘\CH07\节目预告"，选择文件夹中的"背景动画.mov"文件，单击"打开"按钮确认导入，如图7-60所示。

图7-60　导入素材文件

02 在"Project"项目窗口中选择刚导入的背景动画素材，拖放到序列窗口中的"Video 1"视频轨道中，如图7-61所示。

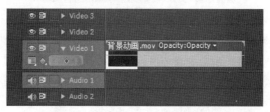

图7-61　将素材放入序列窗口中

3．创建字幕

01 选择"Title"＞"New Title"＞"Default Still"命令，弹出"New Title"对话框，保持默认参数不修改，设置字幕名称为"节目预告"，单击"OK"按钮确认设置，如图7-62所示。

图7-62　创建一个新字幕

02 在弹出的字幕编辑器中，使用文字工具输入字幕内容"节目预告"，修改字体为"SimHei"，修改字体大小为"40"，并将字体移动到屏幕正中偏上的位置，如图7-63所示。

03 选择"Title"＞"New Title"＞"Default Crawl"命令，弹出"New Title"对话框，保持默认参数不修改，设置字幕名称为"20:20"，单击"OK"按钮确认设置，如图7-64所示。

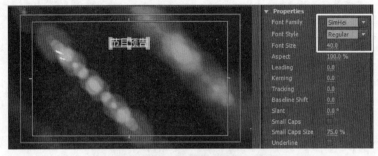

图7-63　输入字幕内容并修改参数

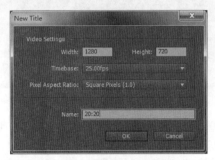

图7-64　创建一个新字幕

04 在弹出的字幕编辑器中，使用文字工具输入字幕内容"20:20 社会纵横"，修改字体为"SimHei"，修改字体大小为"30"，并将字体移动到屏幕偏左上的位置，如图7-65所示。

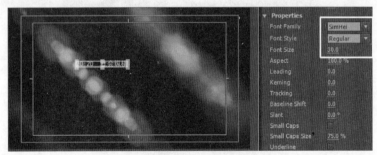

图7-65　输入字幕内容并修改参数

05 单击字幕编辑器窗口左上方的█图标，弹出"Roll/Crawl Option"对话框，修改参数，如图7-66所示。

06 选择"Title" > "New Title" > "Default Crawl"命令，弹出"New Title"对话框，保持默认参数不修改，设置字幕名称为"20:40"，单击"OK"按钮确认设置，如图7-67所示。

图7-66　设置字幕运动方式

图7-67　创建一个新字幕

07 在弹出的字幕编辑器中，使用文字工具输入字幕内容"20:40 黄金剧场"，修改字体为"SimHei"，修改字体大小为"30"，并将字体移动到屏幕中部偏左的位置，如图7—68所示。

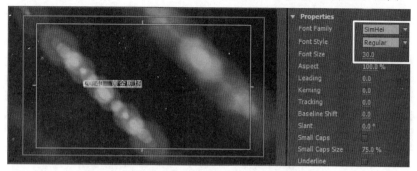

图7—68　输入字幕内容并修改参数

08 单击字幕编辑器窗口左上方的 图标，弹出"Roll/Crawl Option"对话框，修改参数，如图7—69所示。

09 选择"Title" > "New Title" > "Default Crawl"命令，弹出"New Title"对话框，保持默认参数不修改，设置字幕名称为"激情燃烧的岁月"，单击"OK"按钮确认设置，如图7—70所示。

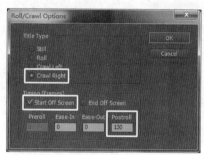

图7—69　设置字幕运动选项

图7—70　创建一个新字幕

10 在弹出的字幕编辑器中，使用文字工具输入字幕内容"《激情燃烧的岁月》 8-9集"，修改字体为"SimHei"，修改字体大小为"30"，并将字体移动到屏幕中部偏下的位置，如图7—71所示。

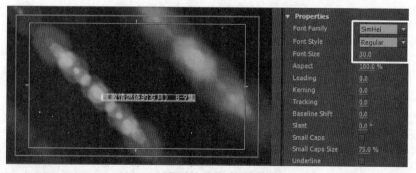

图7—71　输入字幕内容并修改参数

11 单击字幕编辑器窗口左上方的 图标，弹出"Roll/Crawl Option"对话框，修改参数，如图7—72所示。

12 选择"Title">"New Title">"Default Crawl"命令，弹出"New Title"对话框，保持默认参数不修改，设置字幕名称为"22:35"，单击"OK"按钮确认设置，如图7—73所示。

图7—72 设置字幕运动选项

图7—73 创建一个新字幕

13 在弹出的字幕编辑器中，使用文字工具输入字幕内容"22:35 晚间新闻报道"，修改字体为"SimHei"，修改字体大小为"30"，并将字体移动到屏幕中部偏下的位置，如图7—74所示。

14 单击字幕编辑器窗口左上方的▤图标，弹出"Roll/Crawl Option"对话框，修改参数，如图7—75所示。

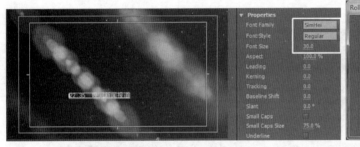

图7—74 输入字幕内容并修改参数　　　　　　图7—75 设置字幕运动选项

4．创建半透明背景图形

01 选择"Title">"New Title">"Default Still"命令，弹出"New Title"对话框，保持默认参数不修改，设置字幕名称为"半透明背景"，单击"OK"按钮确认设置，如图7—76所示。

图7—76 创建一个新字幕

02 在弹出的字幕编辑器中，使用圆角矩形绘图工具绘制一个矩形，并修改这个矩形的参数设置，位置和参数如图7—77所示。

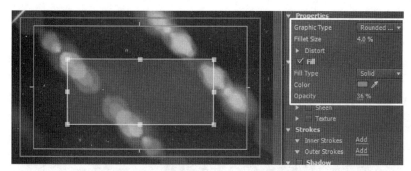

图7—77 输入字幕内容并修改参数

5. 调整字幕顺序和持续时间

01 选择"Sequence">"Add Tracks"命令，弹出"Add Tracks"面板，为序列添加四条视频轨道，参数设置如图7—78所示。

02 将前面步骤中制作的字幕全部置入序列窗口中，调整字幕的摆放顺序和位置，如图7—79所示。

图7—78 添加视频轨道   图7—79 将字幕放入视频轨道中

03 调整字幕的具体位置，使其看起来更加整齐，如图7—80所示。

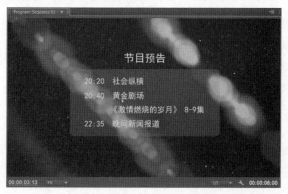

图7—80 字幕效果预览

04 将所有的字幕全部选中，选择"Clip">"Speed/Duration"命令，弹出"Clip Speed/Duration"对话框，修改字幕的持续时间为6秒，如图7—81所示。

〔05〕 调整字幕的起始时间，使字幕的出现分出先后，如图7－82所示。

图7－81　调整字幕持续时间　　　　图7－82　调整字幕先后排列顺序

〔06〕 将序列窗口中工作区域的结束位置定位到"00:00:05:24"，如图7－83所示。

图7－83　设置工作区结束位置

　　〔07〕 节目预告效果制作完成，按"Enter"键预览整体效果，确认无误后进行渲染输出，输出方法参见本书第9章案例。

7.5　本章习题

一、选择题

1. 下列选项中哪几项是Premiere Pro CS6中可以创建的字幕类型 _____（多选）

　　A．Default Still　　　　B．Default Roll　　　　C．Default Crawl　　　　D．Default Fly

2. 在Premiere Pro CS6中，下列说法正确的是_____（单选）

　　A．字幕内容只能输入不能复制粘贴

　　B．可以使用外部素材作为字幕内容

　　C．自定义字幕模板不能保存

　　D．"Default Roll"为横向游动模式

二、操作题

1. 制作一段向左游动的动态字幕。

2. 制作一段影视作品片尾字幕。

3. 分别制作三个不同效果的字幕模板并保存。

第8章

音频编辑与特效

Premiere Pro CS6提供了音频编辑功能，通过为音频素材添加音频特效，可以创作出丰富多样的声音效果。在"Audio Mixer"窗口中使用调音台方式控制声音效果，可以实现输出5.1声道环绕立体声效果，以及音频素材和音频轨道的分离处理功能。

学习目标

➡ 了解"Audio Mixer"调音台的使用方法

➡ 掌握音频的编辑方法

➡ 掌握音频特效的添加与调节

8.1 "Audio Mixer" 调音台

"Audio Mixer"（调音台）窗口可以实时处理"Sequence"窗口中各个素材片段的音频部分。用户可以在"Audio Mixer"（调音台）窗口中选择相应的音频控制器，对 "Sequence"窗口中对应轨道素材的音频部分进行处理，如图8－1所示。

图8－1　"Audio Mixer"窗口

"Audio Mixer"调音台包括若干个轨道音频控制器、主音频控制器和播放控制器，通过对每个控制器的滑块进行操作来调节音频效果。

默认情况下，"Audio Mixer"窗口由四部分构成："Audio 1"、"Audio 2"、"Audio 3"和"Master"，这四部分被称为轨道音频控制器，可以单独调整与其相对应音频轨道上的音频对象。轨道音频控制器的数量由"Sequence"窗口中的音频轨道的数量决定。在 "Sequence"窗口中添加音频轨道时，"Audio Mixer"窗口中将自动添加一个轨道的音频控制器与其对应，这时音频控制器的数量变为5个，如图8－2所示。

图8－2　添加多个轨道音频控制器

轨道音频控制器由控制按钮、"Left/Right Balance"（左右声道调节）滑轮、"Volume"（音量调节）滑块以及播放控制器组成。

8.1.1 调音台控制按钮

轨道音频控制器的控制按钮可以控制调节状态，如图8－3所示。

图8－3　轨道音频控制器按钮

各按钮的说明如下。

- "Mute Track"（轨道静音）：选中此按钮，该轨道音频会设置为静音状态。
- "Solo Track"（独奏轨）：选中此按钮，其他未选中此按钮的音频轨道会自动设置为静音状态。
- "Enable track for recording"（激活录制轨道）：选中此按钮，可以将外部声音录制到目标轨道上。

8.1.2 调音台"Left/Right Balance"滑轮

使用"Left/Right Balance"（左右声道调节）滑轮可以调节双声道音频素材的播放声道，向左拖动滑轮，输出到左声道(L)的声音增大；向右拖动滑轮，输出到右声道(R)的声音增大，声道调节滑轮如图8－4所示。

图8－4　左右声道调节滑轮

8.1.3 调音台"Volume"滑块

"Volume"（音量调节）音量调节滑块控制当前轨道音频对象的音量，音量的数值以dB（分贝）显示。向上拖动滑块，增大音量；向下拖动滑块，减小音量。数值栏中显示当前音量，可以直接在数值栏中输入音量分贝数值。音量调节滑块如图8－5所示。

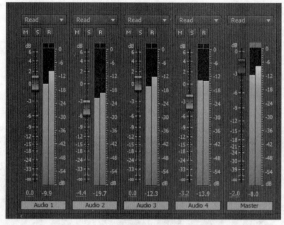

图8-5 "Volume"（音量调节）滑块

> **提示**
>
> 　　使用"Master"主音频控制器可以调节"Sequence"窗口中所有轨道上的音频对象。
> "Master"主音频控制器的使用方法与轨道音频控制器相同。

8.1.4 调音台播放控制器

　　音频播放控制器用于播放音频，使用方法与监视器窗口中的插放控制栏相同，如图8-6所示。

图8-6 播放控制器

8.2 在"Audio Mixer"窗口中调节音频

　　在Premiere Pro CS6中可以分别对"Clip"（素材）和"Track"（轨道）的音频部分进行调解。对素材调节时只对当前选中的音频素材有效；对轨道调节时只对当前选中的音频轨道有效，所有在当前音频轨道上的音频素材都会受到影响。

　　在音频轨道控制面板左侧单击◇按钮，可以在弹出的菜单中选择音频轨道的显示内容，如图8-7所示。选择"Show Clip Volume"（显示素材音量）或者"Show Track Volume"（显示轨道音量）命令，可以调节音量。

图8-7 音频轨道显示选项

8.2.1 / 实时调节音量

在播放音频时，可以使用"Audio Mixer"窗口中的"Volume"音量控制滑块对音量高低进行实时调节，单击"Audio Mixer"窗口中的"Play-Stop Toggle（Space）"按钮，"Sequence"（序列）窗口中的音频素材开始播放，拖动音量控制滑块进行调节，完成之后系统会自动记录调节结果。在"Sequence"窗口中的音频轨道上单击 ◇ 按钮，选择"Show Track Volume"（显示轨道音量）命令，音量调节时产生的关键帧数据会在音频轨道上显示。**实时调节音频（音量调节）的数据会记录在素材的"Effect Controls"窗口中，并显示记录的关键帧。**

在调节过程中，系统会根据"Read"选项菜单中的设置，对当前的音频轨道的音量进行调节和记录，如图8－8所示。

图8－8   "Read"选项菜单

"Read"菜单各选项说明如下。

● "Off"（关闭）：**系统会忽略当前音频轨道上的调节，仅按照默认的设置播放。**

● "Read"（只读）：**系统只读取当前音频轨道上的调节效果，但不能记录音量的调节过程。**

● "Latch"（锁存）：**系统可自动记录对数据的调节。再次播放音频时，音频可按之前的操作进行自动调节。**

● "Touch"（触动）：**在播放过程中，调节数据后，数据会自动恢复初始状态。**

● "Write"（写入）：**每调节一次，下一次调节时调节滑块停留在上一次调节后的位置。如果需要在调音台中激活则需要调节轨道自动记录状态，一般情况下选择此选项即可。**

> ⚙ **提示**
>
> 在"Latch"、"Touch"、"Write"三种方式下，都可以实时记录音量调节。

8.2.2 / 音频子轨道

在"Audio Mixer"窗口中可以为每个音频轨道添加子轨道，并且可以分别对每个子轨道进行调节或者添加特效来完成复杂的声音效果设置。音频子轨道依附于每一条音频轨道存在，仅作为辅助调节使用，无法在子轨道上继续添加音频素材。

单击"Audio Mixer"窗口中左上角的 ▶ "Show /Hide Effects and Sends"（显示/隐藏特效与发送）按钮，展开特效和子轨道设置栏，"Effects"区域用来添加音频特效，"Sends"区域用来添加音频子轨道，如图8－9所示。

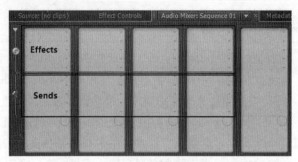

图8-9 "Effects"和"Sends"区域

在"Sends"区域中单击三角图标，弹出子轨道下拉列表，如图8-10所示。

图8-10 "Sends"子轨道下拉菜单

菜单中各选项说明如下。

- "None"：不添加子轨道
- "Master"：添加主音轨
- "Create Mono Submix"：创建单声道混合
- "Create Stereo Submix"：创建立体声混合
- "Create 5.1 Submix"：创建5.1声道混合
- "Create Adaptive Submix"：创建自适应声道混合

选择子轨道类型后，可以为当前音频轨道添加一条子轨道。当设置了多条子轨道时，可以切换到不同的子轨道进行调节控制，Premiere Pro CS6最多提供了5个子轨道的控制。单击子轨道调节栏右上角的 按钮，使其变为 ，可以屏蔽当前子轨道效果，如图8-11所示。

图8-11 子轨道调节面板

8.3 在"Sequence"窗口中调节音频

在Premiere Pro CS6软件的"Sequence"窗口中既可以编辑处理视频素材，也可以对音频素材进行编辑合成操作，可以调整音频素材的音量、平衡和平移等参数。

8.3.1 音频的播放速度和持续时间

音频的持续时间是指音频的入点与出点之间的素材持续时间，调整入点与出点的位置可以改变音频素材的持续时间。音频素材的播放速度和持续时间是相互影响的，持续时间越短，播放速度就越快，反之播放速度会变慢。调整音频素材持续时间的方法一般有两种。

1．鼠标拖动改变持续时间

在"Tools"面板中选择"Selection Tool"（选择工具），将鼠标光标移动到"Sequence"窗口中音频素材的边缘上，当鼠标变为■图标时，按下鼠标左键并拖动就可以改变音频素材的持续时间，如图8－12所示。

图8－12　使用选择工具改变音频素材的持续时间

2．菜单栏命令改变持续时间

在"Sequence"窗口中选中音频素材，选择"Clip"（素材）＞"Speed/Duration"（速度/持续时间），弹出"Clip Speed/Duration"（素材的速度和持续时间）对话框，如图8－13所示。修改"Speed"或者"Duration"参数就可以改变素材的速度持续时间。音频素材的播放速度发生变化后会影响到音频播放的效果，速度提高则音调提高，速度降低则音调降低。

图8－13　"Clip Speed/Duration"对话框

> **提示**
>
> 音调，在音乐中也称为"音高"，是声音物理特性的一个重要因素，音调的高低取决于声音频率的高低：频率越高，音调越高，反之亦然。

8.3.2 "Audio Gain"音频增益

"Audio Gain"命令可以改变音频信号的声调高低。当同一个序列中多个音频素材的音调高低不统一时，会影响收听效果，需要平衡多个素材的声调。

调整音频增益的操作方法如下。

（1）在"Sequence"窗口中，使用"Selection Tool"（选择工具）选择一个音频剪辑或者使用"Track Select Tool"（轨道选择工具）选择多个音频剪辑。当剪辑周围出现黑色阴影框，表示该剪辑已被选中，如图8-14所示。

图8-14　选中音频剪辑

（2）选择"Clip" > "Audio Options"（音频选项） > "Audio Gain"（音频增益）命令，弹出"Audio Gain"（音频增益）对话框，如图8-15所示。

图8-15　"Audio Gain"对话框

（3）根据需要选择一种设置方式。

● "Set Gain to"（设置增益值）：输入-96~96之间的任意数值，表示音频增益的声音大小数值（dB分贝），大于0的值会放大剪辑的音调，小于0的值则降低剪辑的音调。

● "Adjust Gain by"（调节增益根据）：输入-96~96之间的任意数值，将自动更新"Set Gain to"的分贝值，反映应用到剪辑中的实际音频增益值。

● "Normalize Max Peak to"（标准化最大峰值为）：将剪辑音量的最高部分放大到系统能产生的最大音量分贝值，最大增益值为96dB。

● "Normalize All Peaks to"（标准所有峰值为）：将剪辑音量的所有部分放大到系统能产生的最大音量分贝值，最大增益值为96dB。

（4）设置完成后单击"OK"按钮确认即可。

8.3.3 视频与音频的分离与链接

采集带有录音的视频素材时，一般都会得到视频与音频混合的素材文件，素材的视频部分和音频部分是链接在一起的，当对项目进行配音操作时，需要将这些素材的视频部分和音频部分进行分离操作或者链接操作。

1．硬链接与软链接

在Premiere Pro CS6中，素材的视频部分和音频部分的链接方式有硬链接和软链接两种。如果素材文件本身既包含视频部分也包含音频部分，在"Project"窗口中显示为一个文件，视频部分和音频部分默认链接在一起，这种方式称为硬链接；软链接是指在"Sequence"窗口中建立的链接。当视频素材和音频素材是独立文件的时候，将它们导入"Project"窗口中则会显示为独立的两个文件，如图8－16所示，将这两段素材调入"Sequence"窗口中，并且手动将这两段素材链接在一起，这种方式称为软链接。

图8－16　独立的视频与音频文件

2．提取音频

如果希望把音频部分从一段硬链接的素材中提取出来进行单独的编辑操作，可以在"Project"窗口中选中素材，选择"Clip"＞"Audio Options"＞"Extract Audio"命令进行音频提取，提取出来的音频出现在"Project"窗口中，如图8－17所示。

图8－17　提取出的音频文件

3．分离和链接

在素材轨道上选择链接在一起的素材对象，在素材对象上单击鼠标右键弹出快捷菜单，选择"Unlink"（解除视音频链接）命令即可分离素材的视频与音频部分，如图8－18所示。被解除链接的视音频素材可以单独进行操作。

在素材轨道上选中需要链接的视音频片段，在片段上单击鼠标右键弹出快捷菜单，选择"Link"（链接视音频）命令即可链接素材的视频与音频部分，如图8－19所示。视音频素材链接在一起之后可以作为一个整体对象进行编辑。

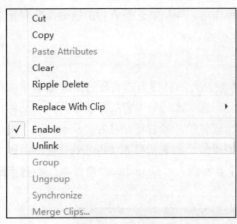

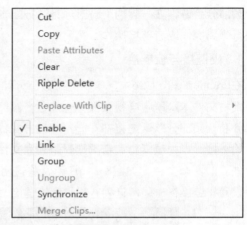

图8-18　分离视音频　　　　　　　　　　图8-19　链接视音频

注意

　　将一段硬链接的视音频文件进行分离操作之后，如果移动了音频或者视频部分的位置或者分别设置入点与出点等操作，使音频与视频部分产生了时间位置上的偏移，当重新链接视频与音频时，软件会提示视频与音频不同步，如图8-20所示。

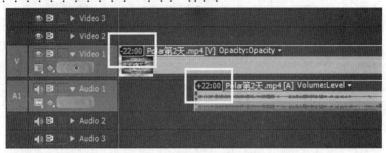

图8-20　视音频不同步提示

8.4　音频特效

　　Premiere Pro CS6提供了多种音频特效。通过添加和设置音频特效，可以使音频素材产生回声、合声以及噪声去除等效果。

8.4.1　添加音频特效

1. 添加音频特效

　　添加音频特效的操作方法与添加视频特效的方法相同，在"Effects"窗口的"Audio Effects"文件夹中选择音频特效进行添加设置，如图8-21所示。

图8—21 "Audio Effects" 文件夹

2.添加音频转场特效

Premiere Pro CS6也为音频素材提供了简单的转场特效,存放在"Audio Transitions"(音频转场)文件夹中,如图8—22所示。添加音频转场特效的方法与添加视频转场特效的方法相同。

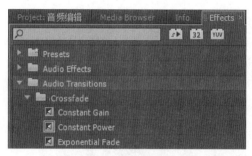

图8—22 "Audio Transitions" 文件夹

Premiere Pro CS6不但可以对音频素材添加特效,还可以直接对整条音频轨道添加特效。切换到"Audio Mixer"窗口,展开目标轨道的"Effects"特效设置栏,单击右侧设置栏上的三角图标,弹出音频特效下拉列表,如图8—23所示,选择一个音频特效即可为音频素材添加音频特效,可以在同一个音频轨道上添加多个特效并分别进行控制。

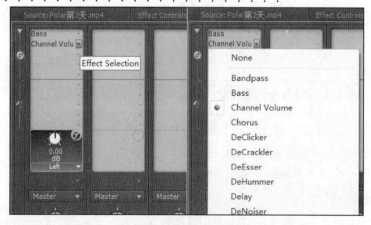

图8—23 在"Audio Mixer"窗口中添加音频特效

3.调节音频特效

当需要调节轨道的音频特效时,鼠标右键单击某个特效弹出快捷菜单,如图8—24所示,

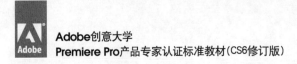

在快捷菜单中可以对轨道音频特效进行调整，不同特效的快捷菜单不同。

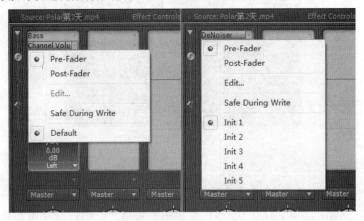

图8-24　在"Audio Mixer"窗口中调节音频特效

> **提示**
>
> 　　部分轨道音频特效的快捷菜单中存在"Edit"（编辑）命令，选择"Edit"命令弹出特效设置对话框，可以进行更加详细的设置，如图8-25所示。
>
>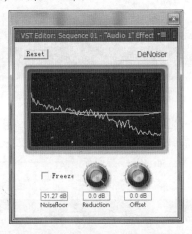
>
> 图8-25　音频特效设置对话框

8.4.2 / 音频特效简述

　　音频特效的作用与视频特效类似，用来创造与众不同的声音效果，既可以应用于单个音频素材，也可以应用于整条音频轨道。音频特效按照声道种类的分类，分别存放在"Effects"窗口的"Audio Effects"（音频特效）文件夹中。

1．音频转场特效

　　在同一轨道中的两个音频之间可以添加音频转场特效，"Audio Transitions"（音频转场）＞"Crossfade"（交叉渐隐）文件夹中共有3个音频转场特效："Constant Gain"（恒定增益）、"Constant Power"（恒定功率）和"Exponential Fade"（指数淡出）。

　　应用音频转场特效的操作如下。

（1）将两段音频素材调入到"Sequence"窗口的同一条音频轨道中，并将其拼接到一起。切换到"Effects"窗口，选择"Audio Transitions"＞"Crossfade"＞"Constant Gain"，使用鼠标左键将特效拖至"Sequence"窗口中的两段音频素材之间，如图8－26所示。

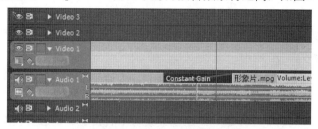

图8－26　添加音频转场特效

（2）在"Sequence"窗口中，鼠标双击"Constant Gain"转场特效，自动切换到"Effect Controls"窗口，可以设置转场效果的"Duration"（持续时间）、"Alignment"（对齐）参数，如图8－27所示。

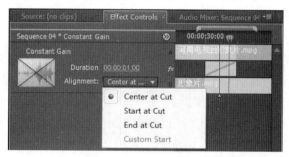

图8－27　在"Effect Controls"窗口中调节音频转场特效

> **经验**
>
> 　　"Constant Power"转场效果通过曲线变换的方式使一个音频轨道上的音频素材过渡到另一个音频轨道上的音频素材，过渡效果更加自然。

2．音频特效

Premiere Pro CS6中包含31个音频特效，音频特效的名称以及效果如下。

- "Balance"（平衡）：平衡左右声道的相对量。
- "Bandpass"（带通）：消除在超出规定范围内发生的频率。
- "Bass"（低音）：调节音频中的低音部分，削弱高频部分的影响（200MHz以下）。
- "Channel Volume"（声道音量）：独立控制多声道音效中每个声道的音量效果，如5.1声道和Stereo立体声。
- "Chorus"（合唱）：模仿产生大环境合唱的效果，模仿许多声音和乐器同时工作，带有延迟和回声。
- "DeClicker"（消音器）：消除类似于"喀嚓"的声音。
- "DeCrackler"（消音器）：消除爆破声音。
- "DeEsser"（消音器）：消除"咝咝"的唇齿声音。
- "DeHummer"（消音器）：消除"嗡嗡"的声音。

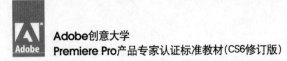

- **"Delay"（延迟）**：设置原始声音与回声之间的时间，最大可设置为2s，可以模拟回声的效果。

- **"DeNoiser"（消音器）**：消除或降低噪声。

- **"Dynamics"（动态调整）**：以不同的模式调整音频。

- **"EQ"（均衡器）**：通过控制音频中的频率成分调整音频输出效果，主要将音频的频率分成5个段落来调节。

- **"Fill Left"（填充右声道）**：用音频素材中左声道的信息覆盖右声道的信息，并且禁用右声道。

- **"Fill Right"（填充左声道）**：用音频素材中右声道的信息覆盖左声道的信息，并且禁用左声道。

- **"Flanger"（镶边）**：声音的延迟和叠加，产生一个与原音频一样的音频，并带有延迟，与原音频混合。

- **"Highpass"（高通滤波器）**：控制在一个数值之上的所有频率能够输出，低于设定数值频率的音频将被滤除，高于设定数值频率的音频将被保留。

- **"Invert"（倒置）**：将音频所有通道的相位（Phase）倒转。

- **"Lowpass"（低通滤波器）**：控制在一个数值之下的所有频率能够输出。

- **"MultibandCompressor"（多频带压缩）**：把音频中的频率分成多段，通过变更某一段或者多段，从而影响音频的输出效果。

- **"Multitap Delay"（多重延迟）**：对音频增加多个级别的延迟效果。

- **"Mute"（静音）**：将音频素材静音。

- **"Notch"（V形滤波器）**：相似于"Bandpass"（带通）特效。

- **"Parametric EQ"（参数均衡器）**：与"EQ"（均衡器）特效相似，功能和参数比"EQ"少，只控制某一频段的音频。

- **"Phaser"（相位器）**：将音频某部分频率的相位发生反转，并与原音频混合。

- **"PitchShifter"（声音变调）**：变更声音的音调，可以模仿卡通鼠等声音。

- **"Reverb"（混响）**：模仿声音在房间里的效果和氛围，可以模拟回声的效果。

- **"Spectral NoiseReduction"（频谱降噪）**：使用特别的算法来消除素材片段中的噪声。

- **"Swap Channels"（交换声道）**：交换左右声道的音频信息。

- **"Treble"（高音）**：调节音频中的高音部分，消弱低频部分的影响

- **"Volume"（调节音量）**：调节音频的音量，正值提高音量，负值则相反。

8.5 综合案例——草原风光配乐

 学习目的

> 熟悉Premiere Pro CS6剪辑音频的方法，掌握为音频素材设置淡入淡出效果的方法

200

📹 **重点难点**

> 精确剪辑音频素材
> 关键帧的添加和调节

本节通过为第6章的案例"草原风光"添加配乐，来熟悉音频素材的编辑方法。

📁 **操作步骤**

1．打开项目

01 打开Premiere Pro CS6软件，弹出欢迎界面，如图8－28所示。

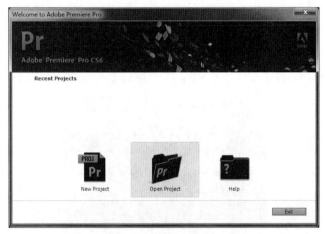

图8－28 欢迎界面

02 单击"Open Project"按钮，在弹出来的"Open Project"对话框中，选择"光盘\CH08\草原风光配乐\草原风光配乐.prproj"文件，如图8－29所示，单击"打开"按钮打开文件。

图8－29 打开项目文件

2．导入音频素材

01 选择"File">"Import"命令，弹出"Import"对话框，选择"光盘\CH08\草原风光配乐\背景配乐.wma"，单击"打开"按钮确认导入，如图8－30所示。

图8-30　导入音频素材

(02) 导入后的音频素材文件显示在"Project"项目窗口中，如图8-31所示。

图8-31　"Project"项目窗口中的音频素材

3．调节音频素材

(01) 在"Project"项目窗口中双击音频素材"背景配乐.wma"，音频素材自动显示在"Source"监视窗口中，如图8-32所示。

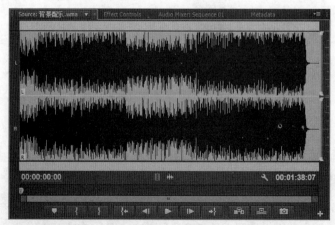

图8-32　音频素材显示在"Source"监视窗口中

（02）在"Source"监视窗口中，移动时间指针到00:00:20:00的位置上，选择"Marker" >
"Set Clip Marker" > "Out"命令，设置素材的出点，如图8－33所示。

图8－33　设置音频素材的出点

经验

当为一段素材直接设置出点时，系统默认将素材的起始位置作为入点。

（03）将音频素材"背景配乐.wma"拖放到序列窗口中的音频轨道"Audio 1"中，如图
8－34所示。

图8－34　将音频素材放入音频轨道中

4．设置音频关键帧

（01）将鼠标指针移动到音频轨道"Audio 1"和"Audio 2"之间，当鼠标光标变成上下箭
头时，按住鼠标左键并向下拉动，将音频轨道"Audio 1"的显示空间拉宽，如图8－35所示。

图8－35　将音频轨道"Audio 1"的显示空间拉宽

02 在序列窗口中，将时间线指针移动到序列的起始位置，单击面板中的"Add-Remove Keyframe"按钮，为音频素材添加一个关键帧，如图8-36所示。

图8-36　为音频素材添加第一个关键帧

03 在序列窗口中，将时间线指针移动到00:00:02:00位置，单击面板中的"Add-Remove Keyframe"按钮，为音频素材添加一个关键帧，如图8-37所示。

图8-37　为音频素材添加第二个关键帧

04 在"Tools"面板中选择"Selection Tool"，在序列窗口中将第一个关键帧拉动到底部位置，如图8-38所示。

图8-38　调整第一个关键帧

05 在序列窗口中，将时间线指针移动到00:00:18:00位置，单击面板中的"Add-Remove Keyframe"按钮，为音频素材添加一个关键帧，如图8-39所示。

图8—39　为音频素材添加第三个关键帧

06 在序列窗口中，将时间线指针移动到序列的结束位置，单击面板中的"Add-Remove Keyframe"按钮，为音频素材添加一个关键帧，如图8—40所示。

图8—40　为音频素材添加第四个关键帧

07 在"Tools"面板中选择"Selection Tool"，在序列窗口中将最后一个关键帧拉动到底部位置，如图8—41所示。

图8—41　调整第四个关键帧

5．预览输出

按"Enter"键，预览整个序列效果，确认无误后渲染输出，输出方法参见本书第9章案例。

8.6 本章习题

一、选择题

1. 下列哪种方式可以实时记录音量调节 _____ （单选）

    A. Latch   B. Touch   C. Write   D. Read

2. 下列说法不正确的是 _____ （多选）

    A. 素材的视频部分和音频部分的链接方式只有硬链接一种

    B. 音频素材的播放速度不可以调节

    C. 可以在同一个音频轨道上添加多个特效并分别进行控制

    D. 最多可以为音频素材添加5个子轨道

二、操作题

1. 使用 "Audio Mixer" 窗口的录制功能录制一段音频素材。

2. 尝试使用自己的语言风格为影视作品进行配音。

第9章
输出影片

Premiere Pro CS6软件提供了丰富的输出选项，可以将编辑完成的影片输出为多种格式。本章介绍Premiere Pro CS6媒体输出窗口和输出工具Adobe Media Encoder CS6的使用方法。

学习目标

→ 了解Premiere Pro CS6支持的输出类型

→ 掌握使用Premiere Pro CS6输出的流程

→ 掌握使用Adobe Media Encoder CS6批量输出影片的方法

→ 了解输出EDL（编辑决策列表）文件的方法

9.1 输出影片

9.1.1 输出类型

Premiere Pro CS6提供多种输出选择，可以将项目输出为媒体文件、字幕和磁带，也可以输出为交换文件格式，与其他编辑软件进行数据交换。

选择"File"（文件）>"Export"（输出）命令，弹出二级菜单，菜单中包括了Premiere Pro CS6软件支持的各种输出类型，如图9-1所示。

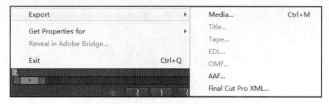

图9-1 输出类型选择

输出类型说明如下。

● "Media"（媒体）：打开"Export Settings"（输出设置）窗口，将编辑好的项目文件输出为各种格式的媒体文件。

● "Title"（字幕）：将项目中制作的字幕输出为Premiere Pro CS6专用字幕文件。

● "Tape"（磁带）：通过专业录像设备将编辑完成的影片直接输出到磁带上。

● "EDL"（编辑决策列表）：输出一个描述剪辑过程的数据文件，可以导入到其他的编辑软件中继续进行编辑。

● "OMF"（公开媒体框架）：将整个序列中所有激活的音频轨道输出为OMF格式，可以导入到DigiDesign Pro Tools等软件中继续编辑润色。

● "AAF"（高级制作格式）：AAF格式可以支持多平台多系统的编辑软件，可以导入到其他的编辑软件中继续编辑，如Avid Media Composer。

● "Final Cut Pro XML"（Final Cut Pro交换文件）：将剪辑数据转移到苹果平台的Final Cut Pro剪辑软件上继续进行编辑。

9.1.2 输出窗口

"Export Settings"（输出设置）窗口是Premiere Pro CS6软件的主要输出窗口，在这个窗口中可以将编辑完成的项目输出为多种格式的媒体文件。

在"Project"（项目）窗口中选择需要输出的"Sequence"（序列），选择"File"（文件）>"Export"（输出）>"Media"（媒体）命令，弹出"Export Settings"（输出设置）窗口，如图9-2所示。

图9—2　"Export Settings"窗口

可以在"Source"（源素材）标签和"Output"（输出）标签中实时拖动影片播放条来观察影片的原始画面和输出画面。

在"Export Settings"区域中选择相应的文件格式，单击"Format"（格式）按钮的右侧选项，弹出媒体格式选择下拉列表。列表中列出了Premiere Pro CS6软件支持的输出格式，选择不同的输出格式，影片参数和压缩设置等也会有所不同。常用的输出格式和对应的使用途径如下。

● AIFF：将影片的声音部分输出为AIF格式音频，适合于在各剪辑平台之间进行音频数据交换。

● AVI：将影片输出为DV格式的数字视频和Windows操作平台数字电影，适合于计算机本地播放。

● Animated GIF：将影片输出为动态图片文件，适用于网页播放。

● Quick Time：输出为MOV格式数字电影，适合与苹果操作系统进行数据交换。

● AVI（Uncompressed）：输出为不经过任何压缩的Windows操作平台数字电影，适合保存最高质量的影片数据，文件较大。

● Waveform Audio：只输出影片的声音，输出为.wav格式音频，适合于各平台音频数据交换。

● FLV/F4V：输出为Flash流媒体格式视频，适合网络播放。

● H.264/H.264 Blu-ray：输出为高性能视频编解码文件，适合输出高清视频和录制蓝光光盘。

● JPEG/PNG/Targa/TIFF：输出单张静态图片或者图片序列，适合于多平台数据交换。

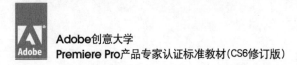

- MPEG4：输出为压缩比较高的视频文件，适合移动设备播放。
- MPEG2／MPEG2－DVD：输出为MPEG2编码格式的文件，适合录制DVD光盘。
- Windows Media：输出为微软专有流媒体格式，适合于网络播放和移动媒体播放。

> **注意**
>
> 输出为JPEG/PNG/Targa/TIFF等图片序列文件时只能输出视频数据，音频数据需要单独输出，可以将音频数据输出为AIFF格式或者Waveform Audio格式。

> **经验**
>
> 如果在项目中调整了某段素材的帧速率（播放速度），在输出时应选中"Use Frame Blending"（使用帧混合）复选框，以保证输出文件的播放流畅性。

9.1.3 输出流程与参数设置

每一种输出格式都带有相应的参数设置选项，合理地设置这些参数选项可以保证输出文件的正确性，本节以输出一段MPEG2-DVD视频文件为例，讲述输出的基本流程和参数设置。

（1）在"Export Settings"（输出设置）区域中，单击"Format"（格式）右边的三角符号，在下拉菜单中选择MPEG2-DVD输出格式，如图9－3所示。

（2）单击"Preset"（预设）选项右边的三角符号，弹出下拉菜单，如图9－4所示。

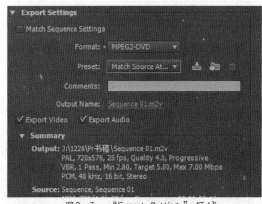

图9－3 "Export Settings"区域

图9－4 "Preset"菜单

菜单中各选项说明如下。

- "Match Source Attributes（High Quality）"：匹配源素材属性（高品质）。
- "Match Source Attributes（Highest Quality）"：匹配源素材属性（最高品质）。
- "Match Source Attributes（Draft Quality）"：匹配源素材属性（低品质）。
- "NTSC 23.976p Widescreen High Quality"：NTSC制式，23.976p宽银幕高品质。
- "NTSC High Quality"：NTSC制式，高品质。
- "NTSC Progressive High Quality"：NTSC制式，逐行扫描高品质。
- "NTSC Progressive Widescreen High Quality"：NTSC制式，宽银幕逐行扫描高品质。
- "NTSC Widescreen High Quality"：NTSC制式，宽银幕高品质。

- "PAL High Quality"：PAL制式，高品质。

- "PAL Progressive High Quality"：PAL制式，逐行扫描高品质。

- "PAL Progressive Widescreen High Quality"：PAL制式，宽银幕逐行扫描高品质。

- "PAL Widescreen High Quality"：PAL制式，宽银幕高品质。

> **技巧**
>
> 　　选中"Match Sequence Settings"（匹配序列设置）复选框可以按照创建序列时的参数设置输出文件，不需另行设置输出参数。

（3）在下拉菜单中选择"PAL High Quality"（PAL制式，高品质），"Summary"（摘要）区域会显示"Output"（输出）参数和"Source"（源素材）参数，如图9－5所示。

（4）"Summary"区域下部的"Video"（视频）标签中包含视频的各项参数设置，包括"Basic Video Settings"（基本视频设置）、"Bitrate Settings"（比特率设置）和"GOP Settings"（GOP设置），如图9－6所示。

图9－5　"Summary"区域

图9－6　"Video"标签

（5）"Basic Video Settings"部分包含有关视频的参数设置，如图9－7所示。

图9－7　"Basic Video Settings"区域

各参数设置的说明如下。

- "Codec"（编码）：文件编码方式，默认为MainConcept MPEG Video。

- "Quality"（品质）：调整画面输出质量，默认数值为4。

- "TV Standard"（电视标准）：设置电视制式，选项有"PAL"、"NTSC"和"Automatic (based on source)"（基于源素材自动选择）三个。

- "Frame Width"（画面宽度）/"Frame Height"（画面高度）：调整视频画面的宽度和高度。

- "Frame Rate[fps]"（帧速率［帧/s］）：调整视频播放的帧速率，PAL制式默认为25。

- "Field Order"（场序）：设置场扫描优先顺序，PAL制式默认为"Lower"（下场

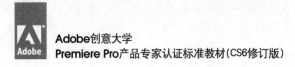

优先）。

● "Pixel Aspect Ratio"（像素纵横比）：可以调节像素纵横比，PAL制式标准像素纵横比为"Standard 4：3（1.094）"。

● "Render at Maximum Depth"（使用最大色深渲染）：如果使用了高色深素材文件，则可以勾选此复选框以提升画面质量。

> **注意**
>
> "Basic Video Settings"区域中的参数会根据"Format"和"Presets"的选择自动调节，也可以根据具体需求进行修改，这里把"Quality"参数设置为5，采用高画质设置。

（6）"Bitrate Settings"部分包含了视频编码速率的参数设置，如图9-8所示。

图9-8 "Bitrate Settings"区域

各参数设置的说明如下。

● "Bitrate Encoding"（比特率编码）：比特率编码方式默认为"VBR, 1 Pass"（动态比特率，1次编码），可调整为"VBR, 2 Pass"（动态比特率，2次编码）和"CBR"（固定比特率）。

● "Minimum Bitrate[Mbit/s]"（最小比特率[单位Mbit/s]）：最小比特率，默认数值为2.8Mbit/s。

● "Target Bitrate[Mbit/s]"（目标比特率[单位Mbit/s]）：目标比特率，默认数值为5Mbit/s。

● "Maximum Bitrate[Mbit/s]"（最大比特率[单位Mbit/s]）：最大比特率，默认数值为7Mbit/s。

> **注意**
>
> VBR是"Variable Bit Rate"（动态比特率）的简写，选择"VBR, 1 Pass"或者"VBR, 2 Pass"方式，可以对视频文件进行自动比特率调节，能在平缓的画面和动作激烈的画面之间寻求比特率的平衡。CBR是"Constants Bit Rate"（固定比特率）的简写，选择CBR方式可以固定视频文件的比特率。当需要创建DVD视频光盘时，建议设置为CBR方式，并且把"Bitrate[Mbit/s]"（比特率[frame/s]）数值设置为6、7、8或者9.4。

（7）切换到"Audio"（音频）标签，这里面包含了音频的各项参数设置，包括"Audio Format Settings"（音频格式设置）和"Basic Audio Settings"（基本音频设置），确认"Audio Format"（音频格式）为"PCM"，如图9-9所示。

"Audio Format"中的选项有"PCM"、"MPEG"和"Dolby Digital",可以根据具体的需求进行修改。

（8）设置完"Video"和"Audio"参数之后,单击"Export Settings"面板右下角的"Export"（输出）按钮进行输出,如图9-10所示。输出的文件保存在项目文件所在的文件夹中。

图9-9　"Audio"标签

图9-10　渲染输出进度条

9.1.4 输出单帧图像

在Premiere Pro CS6中可以输出视频素材中的单帧图像,单帧图像的输出操作可以在"Export Settings"窗口中进行,操作流程如下。

（1）在"Sequence"窗口中将时间线指针移动到希望输出单帧图像的时间点上,如图9-11所示。

图9-11　指定时间线指针位置

（2）在"Project"窗口中选择当前操作的序列,选择"File">"Export">"Media"命令,弹出"Export Settings"窗口,在"Format"选项上单击,在弹出的下拉菜单中选择"JPEG"（也可以选择"Targa"、"PNG"或者"TIFF"）；单击"Output Name"（输出名、

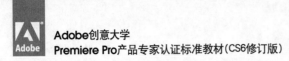
称）按钮，设置文件名称与存放位置，如图9-12所示。

（3）切换到"Video"标签中检查图像参数设置，保持"Export As Sequence"（输出为图片序列）复选框为取消状态，如图9-13所示。

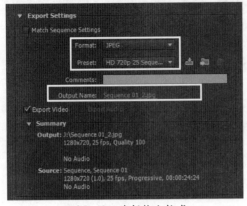

图9-12　选择输出格式

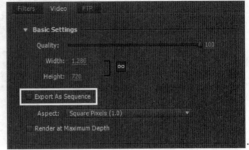

图9-13　取消"Export As Sequence"复选框

（4）单击"Export"按钮进行输出。

技巧

　　单帧图像的输出操作也可以在"Program"窗口中进行，在"Sequence"窗口中将时间线指针移动到希望输出单帧图像的时间点上，在"Program"窗口中单击■按钮，弹出"Export Frame"（输出单帧）对话框，如图9-14所示，"Format"（格式）下拉菜单中可以设置输出的文件类型，包括：Windows Bitmap、PNG、JPEG、TIFF、Targa、GIF和DPX格式，设置完成后单击"OK"按钮，即可输出当前时间点的单帧图像。

图9-14　"Export Frame"对话框

9.1.5 输出序列图片

在Premiere Pro CS6中可以将视频素材输出为序列图片，序列图片的输出方法与输出单帧图像基本相同，具体操作流程如下。

（1）在"Project"窗口中选择需要输出的序列，选择"File" > "Export" > "Media"命令，弹出"Export Settings"窗口，在"Format"选项上单击，在下拉菜单中选择"PNG"，也可以选择"Targa"、"JPEG"或者"TIFF"等文件类型。

（2）切换到"Video"标签中检查图像参数设置，保持"Export As Sequence"（输出为图片序列）复选框为勾选状态，这一步为关键步骤，如图9-15所示。

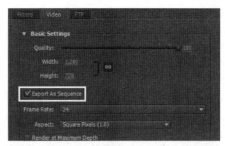

图9-15 勾选"Export As Sequence"复选框

（3）单击"Export"按钮进行输出。

> **经验**
>
> 由于序列图片输出时会产生大量的图片文件，建议在输出前单击"Output Name"（输出名称）按钮，设置文件的名称和保存文件夹。

9.1.6 / 输出EDL文件

EDL（编辑决策列表）文件包含了项目中的各种编辑信息，包括项目所使用的素材所在的磁带名称及编号、素材文件的长度、项目中所用的特效及转场等。EDL编辑方式是剪辑中通用的办法，通过它可以在支持EDL文件的不同剪辑系统中交换剪辑内容，不需要重新剪辑。

电视节目（如电视连续剧）等的编辑工作经常会采用EDL编辑方式。在剪辑过程中，可以先将素材采集成画质较差的文件，对这个文件进行剪辑，能够降低计算机的负荷并提高工作效率；剪辑工作完成后，将剪辑过程输出成EDL文件，并将素材重新采集成画质较高的文件，导入EDL文件并进行最终成片的输出。

> **注意**
>
> EDL文件虽然能记录特效信息，但由于不同的剪辑软件对特效的支持并不相同，其他的剪辑软件有可能无法识别在Premiere Pro CS6中添加的特效信息，使用EDL文件时需要注意，不同的剪辑软件之间的时间线初始化设置应该相同。

选择"File" > "Export" > "EDL"命令，弹出"EDL Export Settings"（EDL输出设置）对话框，如图9-16所示。

图9-16 "EDL Export Settings"对话框

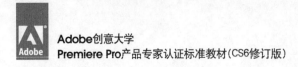
对话框中各选项的说明如下。

- "EDL Title"（EDL标题）：设置EDL文件第一行内的标题。
- "Start Timecode"（起始时间码）：设置序列中第一个编辑的起始时间码。
- "Include Video Levels"（包含视频等级）：在DEL中包含视频等级注释。
- "Include Audio Levels"（包含音频等级）：在DEL中包含音频等级注释。
- "Audio Processing"（音频处理）：设置音频处理的方式，包含三个选项："Audio Follows Video"（在视频处理之后）、"Audio Separately"（单独处理音频）和"Audio At End"（最后处理音频）。
- "Tracks To Export"（输出的轨道）：指定输出的轨道。

设置完成后，单击"OK"按钮即可将当前序列中的被选择轨道的剪辑数据输出为*.EDL文件。

9.2 使用Adobe Media Encoder CS6输出

Adobe Media Encoder CS6是Adobe Creative Suit 6套件的编码输出软件，也是Premiere Pro CS6的附属编码输出端。在Premiere Pro CS6中完成项目编辑后，可以直接在软件中输出视频文件，也可以通过Adobe Media Encoder CS6输出单个项目或者批量输出多个项目。

9.2.1 输出到Adobe Media Encoder CS6

在"Export Settings"窗口中设置单击窗口右下角的"Queue"（队列）按钮，启动Adobe Media Encoder CS6，当前"Export Settings"窗口中的输出任务会自动输入到Adobe Media Encoder CS6中，如图9－17所示，单击"Start Queue"（开始队列）▶按钮即可输出。

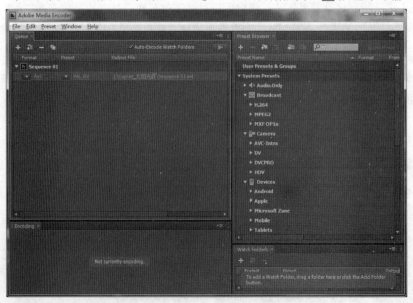

图9－17　Adobe Media Encoder CS6界面

9.2.2 / 切换为中文界面

Adobe Media Encoder CS6默认为英文界面，可以更改为简体中文界面，在Adobe Media Encoder CS6中选择"Edit"（编辑）>"Preferences"（首选项）命令，弹出"Preferences"面板，在"Appearance"（外观）选项卡中的"Language"（语言）下拉菜单中选择"简体中文"，如图9－18所示，单击"OK"按钮确认设置。

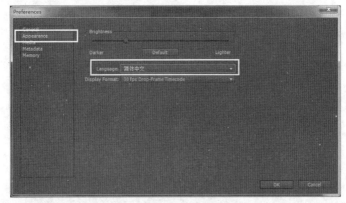

图9－18　设置中文显示

关闭并重新启动Adobe Media Encoder CS6即可显示中文界面，如图9－19所示。

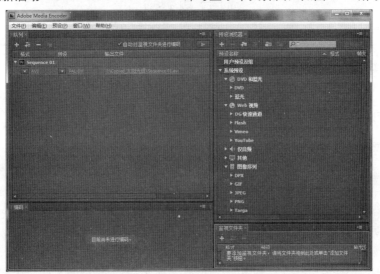

图9－19　Adobe Media Encoder CS6中文界面

9.2.3 / 批量输出

在Premiere Pro CS6中，单一的输出工作可以在"Export Settings"窗口中完成，批量输出工作可以在Adobe Media Encoder CS6中完成，可以将多个项目都输入到Adobe Media Encoder CS6中，一并渲染输出。

在Premiere Pro CS6软件中单击"Export Settings"窗口右下角的"Queue"（队列）按钮，可以将设置完成的输出任务输入到Adobe Media Encoder CS6中。当一个项目需要进行多个输出

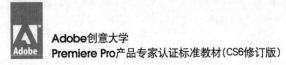

任务，重复前面的操作可以将多个输出任务都输入到Adobe Media Encoder CS6中，如图9—20所示。

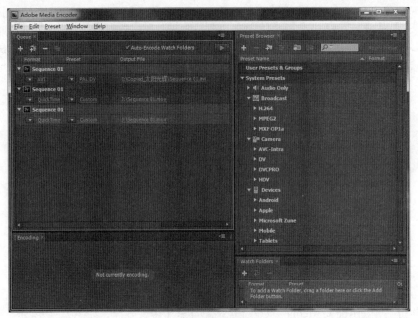

图9-20　批量输出

9.3　综合案例——渲染输出和批量输出

学习目的

> 掌握使用Premiere Pro CS6渲染输出的方法以及批量输出的方法

重点难点

> 选择合适的输出格式
> 设置输出文件的名称和存放位置
> 批量输出的操作方法

当一个相册项目制作完毕后，可以将项目输出为适合观看的视频文件，本案例通过输出前面章节的案例，掌握渲染输出的具体操作流程和技巧，并熟悉批量输出的具体操作方法。

1. 输出单个项目文件

操作步骤

01 打开Premiere Pro CS6软件，弹出欢迎界面，如图9—21所示，单击选择"Open Project"按钮。

02 在弹出来的"Open Project"对话框中选择"光盘\CH03\香港之夜\香港之夜.prproj"，单击"打开"按钮打开文件，如图9—22所示。

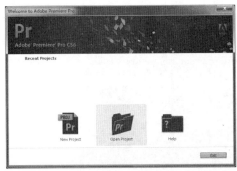

图9-21 欢迎界面

图9-22 选择项目文件

03 在"Project"窗口中选中"Sequence 01"，如图9-23所示。

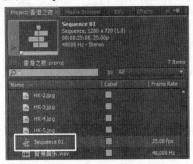

图9-23 选择需要输出的序列

04 选择"File">"Export">"Media"命令，弹出"Export Settings"窗口，调整"Format"格式选项为"MPEG 2"，调整"Preset"预设值为"HDTV 720p 25 High Quality"，修改"Output Name"输出文件名称以及存放位置，修改其余参数设置，如图9-24所示。

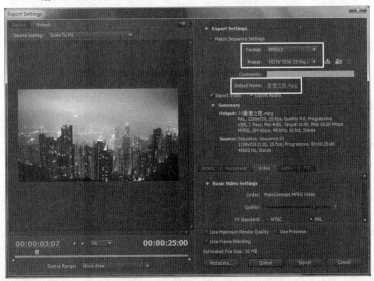

图9-24 调整输出格式

技巧

选中"Use Maximum Render Quality"（使用最高渲染质量）复选框，可以提高渲染质量，但会增加渲染时间。

05 在"Export Settings"窗口中，单击窗口右下角的"Export"按钮，弹出"Encoding"面板，渲染输出电子相册，如图9—25所示。

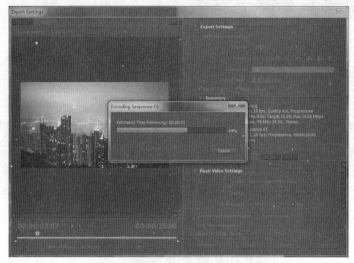

图9—25　渲染输出进度条

06 渲染完成后，到计算机中找到渲染完成的电子相册视频文件，双击播放，如图9—26所示。

图9—26　播放效果

2．批量输出多个项目文件

📁 **操作步骤**

01 单击计算机桌面左下角"开始"按钮，在Windows程序列表中找到Adobe Media Encoder CS6并打开，如图9—27所示。

02 启动完成后显示完整的软件界面，如果此前没有从Premiere Pro CS6软件中调用Adobe Media Encoder，那么此时软件界面中应该没有渲染任务，如图9—28所示。

图9—27　Adobe Media Encoder CS6启动画面

图9—28　Adobe Media Encoder操作界面

03 单击软件左上角的 ✛ 按钮，弹出选择添加渲染任务对话框，选择"光盘\CH05\太阳光辉\太阳光辉.prproj"，如图9-29所示，单击"打开"按钮打开项目文件。

04 接下来弹出"导入Premier Pro序列"窗口，窗口中会显示打开的项目文件中所包含的序列，如图9-30所示，选择"Sequence 01"，单击"确定"按钮。

图9-29　选择需要输出的项目文件　　　　图9-30　选择需要输出的序列

05 导入的渲染任务会显示在软件窗口中，如图9-31所示，单击预设下方的黄色文字可以打开输出设置窗口，选择输出格式并进行参数设置，单击输出文件下方的黄色文字可以选择输出位置和文件名称。

图9-31　可调节各项输出参数

06 在软件窗口的右侧，软件也列出了可供选择的多种常用输出格式选项，可以根据需要选择不同的输出格式，如图9-32所示。

07 重复上述操作，也可以将其他章节的项目文件导入到Adobe Media Encoder中，如图9-33所示。

图9-32　渲染输出进度条　　　　　　图9-33　导入多个项目进行批量输出

08 单击软件左上角的■按钮，软件中列出的多个渲染任务开始进行渲染输出，如图9—34所示。

图9—34 批量渲染输出

9.4 本章习题

一、选择题

1. Premiere Pro CS6可以输出的图片序列格式有_____（多选）

    A. PNG   B. JPEG   C. Targa   D. AVI

2. 当需要将编辑完成的影片通过专业录像设备直接输出到磁带上时，需要选择哪一项输出命令_____（单选）

    A. Media   B. Tape   C. EDL   D. OMF

3. 当需要将编辑完成的影片转移到其他编辑软件系统上继续编辑时，选择哪一项输出命令可以将编辑操作步骤进行导出_____（单选）

    A. Media   B. Tape   C. EDL   D. OMF

二、操作题

1. 将第六章的案例文件输出为720p高清格式的视频文件。

2. 熟悉批量输出功能，将本书其他章节的案例文件进行批量输出操作。

第10章
综合案例——穿越北极

本章通过讲解为某大型户外穿越活动制作预告片的项目案例，演示使用Premiere Pro CS6进行视频编辑工作的完整操作流程，包括前期准备、素材编辑、特效处理、字幕制作以及渲染输出等环节，案例实际效果如图10-1所示。

图10-1　案例实际效果

10.1 前期准备

1．准备提纲

在开始编辑工作之前，需要为项目制定详细的制作提纲，明确项目的制作目的、效果预期以及具体制作要求，根据提纲的详细描述开展编辑工作。

2．收集素材

本案例需要以穿越活动的现场拍摄视频为制作素材，可以通过活动组织获得。

3．软件支持

本案例所采用的素材为QuickTime格式，需要安装Apple公司出品的QuickTime软件才可以正常播放，请登录Apple官方网站www.apple.com.cn下载并安装。

10.2 素材编辑

1．新建项目

（1）单击计算机桌面左下角"开始"按钮，在Windows程序列表中找到Premiere Pro CS6并打开，弹出"Welcome to Adobe Premiere Pro"界面，单击"New Project"按钮，如图10－2所示。

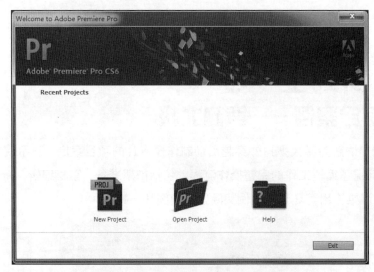

图10－2 "Welcome to Adobe Premiere Pro"界面

（2）在弹出来的"New Project"面板中设置项目文件的存放位置以及名称，如图10－3所示，单击"OK"按钮确认。

图10-3　设置项目文件的存放位置以及名称

（3）在弹出来的"New Sequence"面板中，选择"HDV" > "HDV 720p25"，如图10-4所示，单击"OK"按钮确认。

图10-4　设置序列格式

2．导入素材

（1）在"Project"窗口中的空白区域双击鼠标左键，弹出"Import"对话框，选择"光盘\ CH10\穿越北极"文件夹，同时选择文件夹中的"CH09视频素材.mov"和"CH09背景音乐.wav"文件，单击"OK"按钮确认导入，如图10-5所示。

（2）导入后的素材文件显示在"Project"窗口中，如图10-6所示。

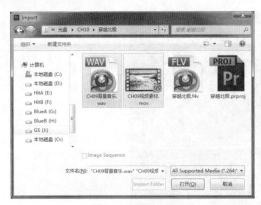
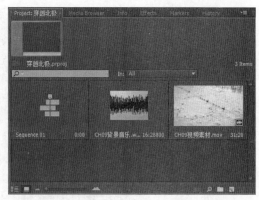

图10-5 导入素材　　　　　　　　图10-6 "Project"窗口中的素材文件

3．剪辑素材

（1）在"Project"窗口中，鼠标左键双击"CH09视频素材.mov"文件图标，"CH09视频素材.mov"文件会显示在"Source"监视窗口中，如图10-7所示。

（2）在"Source"监视窗口中，移动时间指针到00:00:25:18处，选择"Marker">"Marker In"命令，为素材设置入点，如图10-8所示。

图10-7 素材文件显示在"Source"监视窗口中　　　图10-8 为素材设置入点

（3）在"Source"监视窗口中，移动时间指针到00:00:28:10处，选择"Marker">"Marker Out"命令，为素材设置出点，如图10-9所示。

（4）在"Source"监视窗口中，单击图标，将入点与出点之间的素材段落插入序列窗口的视频轨道"Video 1"中，如图10-10所示。

图10-9 为素材设置出点　　　　　图10-10 将素材插入到视频轨道中

（5）在"Source"监视窗口中，移动时间指针到00:00:19:12处，选择"Marker"＞"Marker In"命令，为素材设置入点，如图10－11所示。

（6）在"Source"监视窗口中，移动时间指针到00:00:22:08处，选择"Marker"＞"Marker Out"命令，为素材设置出点，如图10－12所示。

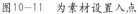

图10－11　为素材设置入点　　　　　　　　图10－12　为素材设置出点

技巧

当为已经设置了入点与出点的素材重新设置入点与出点时，原有的入点与出点自动删除。

（7）在"Source"监视窗口中，单击 图标，将入点与出点之间的素材段落插入序列窗口的视频轨道"Video 1"中，如图10－13所示。

图10－13　将素材插入到视频轨道中

（8）在"Source"监视窗口中，移动时间指针到00:00:00:00处，选择"Marker"＞"Marker In"命令，为素材设置入点，如图10－14所示。

图10－14　为素材设置入点

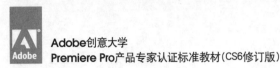

（9）在"Source"监视窗口中，移动时间指针到00:00:01:18处，选择"Marker"＞"Marker Out"命令，为素材设置出点，如图10－15所示。

（10）在"Source"监视窗口中，单击 图标，将入点与出点之间的素材段落插入到序列窗口的视频轨道"Video 1"中，如图10－16所示。

图10－15　为素材设置出点　　　　　　图10－16　将素材插入到视频轨道中

（11）在"Source"监视窗口中，移动时间指针到00:00:15:00处，选择"Marker"＞"Marker In"命令，为素材设置入点，如图10－17所示。

（12）在"Source"监视窗口中，移动时间指针到00:00:17:00处，选择"Marker"＞"Marker Out"命令，为素材设置出点，如图10－18所示。

图10－17　为素材设置入点　　　　　　图10－18　为素材设置出点

（13）在"Source"监视窗口中，单击 图标，将入点与出点之间的素材段落插入序列窗口的视频轨道"Video 1"中，如图10－19所示。

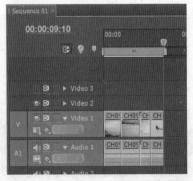

图10－19　将素材插入到视频轨道中

（14）在"Source"监视窗口中，移动时间指针到00:00:10:17处，选择"Marker"＞"Marker In"命令，为素材设置入点，如图10－20所示。

（15）在"Source"监视窗口中，移动时间指针到00:00:12:14处，选择"Marker"＞"Marker Out"命令，为素材设置出点，如图10－21所示。

图10－20　为素材设置入点

图10－21　为素材设置出点

（16）在"Source"监视窗口中，单击 图标，将入点与出点之间的素材段落插入序列窗口的视频轨道"Video 1"中，如图10－22所示。

图10－22　将素材插入到视频轨道中

（17）在"Source"监视窗口中，移动时间指针到00:00:07:19处，选择"Marker"＞"Marker In"命令，为素材设置入点，如图10－23所示。

（18）在"Source"监视窗口中，移动时间指针到00:00:09:03处，选择"Marker"＞"Marker Out"命令，为素材设置出点，如图10－24所示。

图10－23　为素材设置入点

图10－24　为素材设置出点

（19）在"Source"监视窗口中，单击图标，将入点与出点之间的素材段落插入序列窗口的视频轨道"Video 1"中，如图10－25所示。

图10－25　将素材插入到视频轨道中

（20）在"Source"监视窗口中，移动时间指针到00:00:04:04处，选择"Marker"＞"Marker In"命令，为素材设置入点，如图10－26所示。

（21）在"Source"监视窗口中，移动时间指针到00:00:05:20处，选择"Marker"＞"Marker Out"命令，为素材设置出点，如图10－27所示。

图10－26　为素材设置入点

图10－27　为素材设置出点

（22）在"Source"监视窗口中，单击图标，将入点与出点之间的素材段落插入序列窗口的视频轨道"Video 1"中，如图10－28所示。

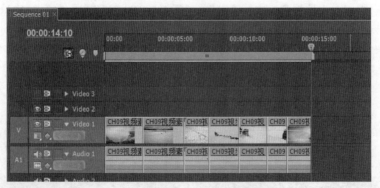

图10－28　将素材插入到视频轨道中

（23）在"Source"监视窗口中，移动时间指针到00:00:05:21处，选择"Marker"＞"Marker

In"命令，为素材设置入点，如图10-29所示。

（24）在"Source"监视窗口中，移动时间指针到00:00:07:18处，选择"Marker">"Marker Out"命令，为素材设置出点，如图10-30所示。

图10-29　设置素材入点　　　　　　图10-30　为素材设置出点

（25）在"Source"监视窗口中，单击 ■ 图标，将入点与出点之间的素材段落插入序列窗口的视频轨道"Video 1"中，如图10-31所示。

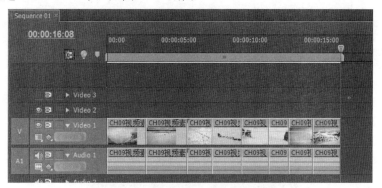

图10-31　将素材插入到视频轨道中

（26）激活"Effects"窗口，在窗口顶部的搜索框中输入"Dip to Black"，"Dip to Black"转场特效会单独显示在窗口中，如图10-32所示。

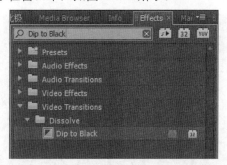

图10-32　查找转场特效

（27）将"Dip to Black"转场特效拖放到序列窗口中最后两段视频素材之间，如图10-33所示，在最后两段素材之间添加"Dip to Black"视频转场特效。

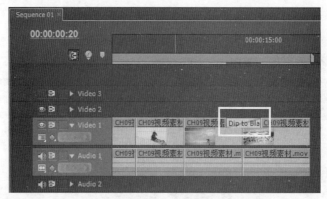

图10-33 应用转场特效

10.3 字幕制作

（1）选择"Title" > "New" > "Default Still"命令，弹出"New Title"对话框，保持默认参数不修改，如图10-34所示，单击"OK"按钮确认。

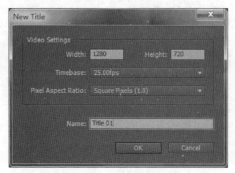

图10-34 新建字幕文件

（2）在弹出来的字幕编辑器中，使用文字工具输入字幕"北极圈以北330KM"，如图10-35所示。

图10-35 输入字幕内容

注意

默认的字体不能完整显示中文，在后面步骤中会进行修改。

（3）使用选择工具选择字幕，在下方的字幕样式中选择一种样式，如图10－36所示。

图10-36　选择字幕样式

（4）在字幕编辑器的右侧属性区域中，修改字幕字体为"Microsoft YaHei"，如图10－37所示。

图10-37　修改字幕字体

（5）在字幕编辑器的右侧属性区域中，修改字幕大小为"78"，并调整字幕的位置使其居中，如图10－38所示，修改完成后关闭字幕编辑器，刚刚创建的字幕文件会显示在"Project"窗口中。

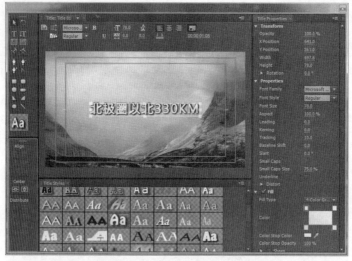

图10—38　修改字幕大小与位置

（6）将字幕"Title 01"从"Project"项目窗口中拖放到"Sequence"窗口中，放在视频轨道"Video 2"的起始位置上，如图10—39所示。

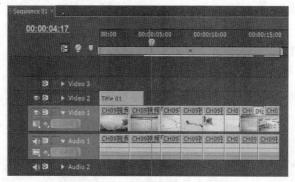

图10—39　将字幕放在视频轨道中

（7）在字幕"Title 01"上单击鼠标右键，在弹出的快捷菜单中选择"Speed/Duration"命令，弹出"Clip Speed/Duration"对话框，修改"Duration"数值为00:00:01:05，如图10—40所示。

图10—40　调整持续时间

（8）选择"Title" > "New" > "Default Still"命令，弹出"New Title"对话框，保持默认参数不修改，如图10—41所示，单击"OK"按钮确认。

图10-41 新建字幕文件

（9）在弹出来的字幕编辑器中，使用文字工具输入文字"欧洲最后的净土"，如图10-42所示。

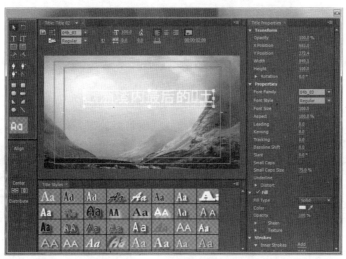

图10-42 输入字幕内容

（10）在字幕编辑器的右侧属性区域中，选择与上一个字幕"Title 01"同样的字符样式，修改字幕字体为"Microsoft YaHei"，修改字幕大小为"78"，并调整字幕的位置使其居中，如图10-43所示。

图10-43 调整字幕样式、大小与位置

（11）关闭字幕编辑器，在"Sequence"窗口中，移动时间线指针到00:00:01:05位置，将字幕"Title 02"从"Project"项目窗口中拖放到"Sequence"窗口中，放在视频轨道"Video 2"上，并使字幕的起始位置与时间线指针对齐，如图10-44所示。

图10-44 将字幕放在视频轨道中

（12）使用选择工具调整字幕的持续时间，使其结束位置与第一段视频素材最后一部分的结束位置对齐，如图10-45所示。

（13）选择"Title" > "New" > "Default Still"命令，弹出"New Title"对话框，保持默认参数不修改，如图10-46所示，单击"OK"按钮确认。

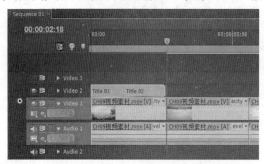

图10-45 调整字幕持续时间

图10-46 新建字幕文件

（14）在弹出来的字幕编辑器中，使用文字工具输入字幕"《穿越北极》大型户外穿越活动"，如图10-47所示。

图10-47 输入字幕内容

（15）在字幕编辑器的右侧属性区域中，首先为字幕选择一个字幕样式，然后修改字幕字体为"Microsoft YaHei"，修改字幕大小为"70"，并将字幕移动到中间偏上的位置，如图10-48所示。

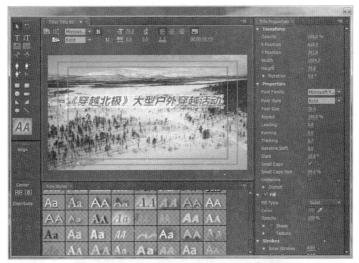

图10-48　调整字幕样式、字体大小与位置

（16）关闭字幕编辑器，在"Sequence"窗口中，移动时间线指针到00:00:14:10位置，将字幕"Title 03"从"Project"项目窗口中拖放到"Sequence"窗口中，放在视频轨道"Video 2"上，并使字幕的起始位置与时间线指针对齐，如图10-49所示。

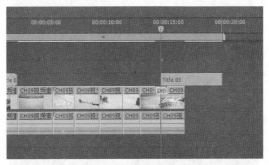

图10-49　将字幕放在视频轨道中

（17）使用选择工具调整字幕的持续时间，使其结束位置与最后一段视频素材的结束位置对齐，如图10-50所示。

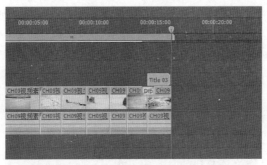

图10-50　调整字幕持续时间

（18）在"Sequence"窗口中，移动时间线指针到00:00:14:10位置，选择字幕"Title 03"，切换到"Effect Controls"特效控制窗口，展开"Opacity"属性设置，修改"Opacity"的数值为"0.0%"，如图10—51所示。

图10-51　修改字幕的不透明度

（19）移动时间线指针到00:00:14:23位置，选择字幕"Title 03"，切换到"Effect Controls"特效控制窗口，修改"Opacity"的数值为"100%"，如图10—52所示。

图10-52　修改字幕的不透明度

（20）在"Sequence"窗口中，同时选择视频轨道"Video 1"和音频轨道"Audio 1"中的所有素材片段，在上面单击鼠标右键，选择"Unlink"命令，使视频素材和音频素材失去关联，将音频轨道"Audio 1"中的所有音频素材片段全部删除，如图10—53所示。

图10-53　删除音频素材

（21）在"Sequence"窗口中，选择音频素材"CH09背景音乐.wav"，将其拖放到时间线的音频轨道"Audio 1"中，使其起始位置与时间线起始位置相同，如图10—54所示。

图10-54　导入音频素材

10.4 渲染输出

（1）在"Program"监视窗口中，单击"Play/Stop"按钮播放节目，如图10－55所示。观察画面是否符合预期效果，如发现问题可以返回修改。

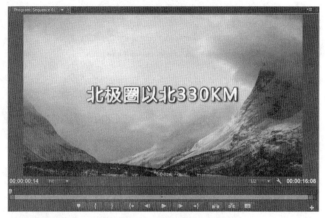

图10－55　观察播放效果

（2）确认无误后，选择"File"＞"Export"＞"Media"命令，弹出"Export Settings"窗口，"Format"选项设置为"F4V"，"Preset"设置为"Web-1280x720，16:9，Project Framerate，4500kbps"，如图10－56所示。

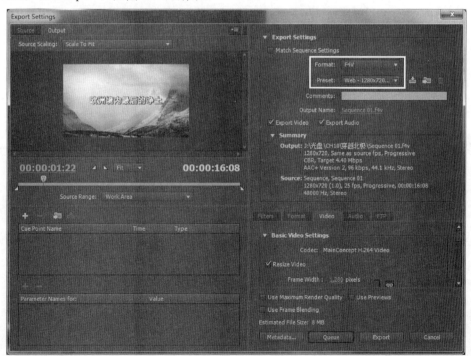

图10－56　设置输出格式与预置文件

（3）单击"Output Name"右侧的"Sequence 01.flv"橙色文字，弹出"Save As"对话框，输入文件名称"穿越北极"，如图10－57所示，单击"保存"按钮确认。

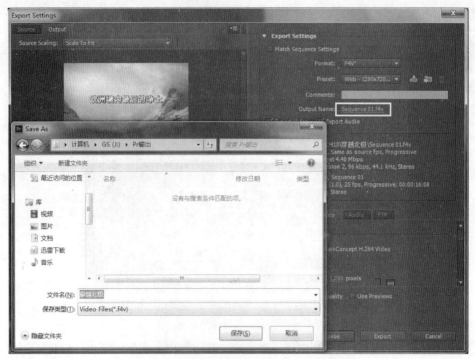

图10-57　设置保存位置与文件名

（4）单击"Export"按钮进行输出，如图10-58所示。

图10-58　渲染输出

（5）渲染完成后查看视频文件，确认无误后即可通过网络或者移动存储进行传播播放。